全国高职高专"十二五"规划教材

计算机应用基础项目教程

主　编　邹　月　钱英军

副主编　张平华　黄　静

U0343563

中国水利水电出版社
www.waterpub.com.cn

内 容 提 要

本书以项目为引领，以任务为驱动，遵循"简化知识，注重实战，突出应用"的职业教育理念，精选 26 个项目，重组内容，分解任务，用"教、学、做"一体化方式，学以致用。全书共有 6 个部分，内容包括：计算机应用基础、中文操作系统 Windows 7、文字处理软件 Word 2010、电子表格软件 Excel 2010、演示文稿软件 PowerPoint 2010、网络应用基础。

本书可作为高等职业院校计算机基础课程的教材，也可作为其它培训和自学用书。

本书配有电子教案和素材文件，读者可以从中国水利水电出版社网站和万水书苑免费下载，网址为：http://www.waterpub.com.cn/softdown/ 和 http://www.wsbookshow.com。

图书在版编目（C I P）数据

计算机应用基础项目教程 / 邹月，钱英军主编
. -- 北京 ：中国水利水电出版社，2014.8（2020.6 重印）
全国高职高专"十二五"规划教材
ISBN 978-7-5170-2267-1

Ⅰ．①计… Ⅱ．①邹… ②钱… Ⅲ．①电子计算机—
高等职业教育—教材 Ⅳ．①TP3

中国版本图书馆CIP数据核字(2014)第155644号

策划编辑：陈宏华　责任编辑：张玉玲　加工编辑：李海楠　封面设计：李　佳

书　　名	全国高职高专"十二五"规划教材 **计算机应用基础项目教程**
作　　者	主　编　邹　月　钱英军 副主编　张平华　黄　静
出版发行	中国水利水电出版社 （北京市海淀区玉渊潭南路 1 号 D 座　100038） 网址：www.waterpub.com.cn E-mail: mchannel@263.net（万水） 　　　　 sales@waterpub.com.cn 电话：（010）68367658（发行部）、82562819（万水）
经　　售	北京科水图书销售中心（零售） 电话：（010）88383994、63202643、68545874 全国各地新华书店和相关出版物销售网点
排　　版	北京万水电子信息有限公司
印　　刷	三河市铭浩彩色印装有限公司
规　　格	184mm×260mm　16 开本　16 印张　403 千字
版　　次	2014 年 8 月第 1 版　2020 年 6 月第 9 次印刷
印　　数	13801—14800 册
定　　价	32.00 元

前　　言

随着计算机技术的快速发展，计算机在日常的学习、生活、工作中获得广泛应用。本书作者为加强计算机应用基础教育，提高现代大学生计算机应用能力和文化素质编写了本教材。

教材内容的选取，选择当前应用广泛的 Windows 7+Office 2010 为平台，全书共有 6 个部分，计算机应用基础、中文操作系统 Windows 7、文字处理软件 Word 2010、电子表格软件 Excel 2010、演示文稿软件 PowerPoint 2010、网络应用基础。

教材编写的思路，一是遵循"简化知识，注重实战，突出应用"的职业教育理念。二是以项目为引领，精选了 26 个企业项目，每个项目 2 个学时，重组所有教学内容。三是以任务为驱动，把项目进行任务分解，"教、学、做"一体化。四是学以致用，校企合作开发教材，选用真实项目。五是教材实用，项目大小适宜，学生课堂上能完成知识学习和项目实战，教师备课和教学方便。六是有实训和考试题库，每个项目单元各配有 5 个综合实训题，全书共有 26 个，方便学生课后训练，也方便随机抽取考试题目。

本书由邹月、钱英军任主编，张平华、黄静任副主编，汪海涛任主审，其中邹月、高广宇编写第 3 部分，钱英军、孙继红编写第 4 部分，张平华、荣琪明编写第 1、6 部分、黄静、曾海峰编写第 2、5 部分，陈建兵、张雷、王磊、滕泓虬、周立群为本书编写部分综合实训。另外，蓝盾信息安全技术股份有限公司吴泽选同志也参加了编写，并为本书提供很多实际应用项目和宝贵意见，在此表示感谢！

由于编者水平有限，书中难免存在错误和不足之处，敬请广大读者批评指正。

编　者

2014 年 5 月

目　　录

第1部分 计算机应用基础

项目1 认识计算机——学会组装计算机

教学目标

（1）了解计算机基本工作原理。

（2）了解电脑硬件的基本配置，能自己选配一台计算机。

（3）了解电脑软件的基本配置，能安装常用软件。

项目描述

计算机已经成为企业公办的最基本工具。本项目通过介绍计算机的基本原理、硬件和软件配置方法，使学生学会自己组装一台计算机。硬件、软件配置清单如图1-1所示。

企业办公计算机硬件配置单			
配件名称	配件型号	参考价	费用占比
CPU+散热器	Intel 酷睿 i3 3210	632	22%
主板	技嘉 B85M-D3H	579	20%
内存	金士顿 DDR3 1333 4GB	198	7%
硬盘	希捷 1TB 64M SATA3	335	11%
显卡	CPU、主板支持自带	—	
机箱	金河田升华零辐射版	109	3.5%
电源	金河田传奇 ATX-S400 静音版	205	7%
显示器	惠科第五元素 D1915	599	21%
键鼠	金河田 KM1700	59	2%
光驱	先锋 DVR-118CHV	150	5%
总计		2866 元	
计算机软件配置单			
软件名称	软件名称版本	价格(元)	
操作系统	Windows 7 操作系统	收费	
办公软件	Office 2010 办公软件	收费	
应用软件	QQ 软件（包含通讯、下载、影音、输入法）	免费	
防毒软件	360 安全卫士、360 杀毒软件	免费	

图 1-1　计算机配置

任务 1   工作原理

1. 工作原理

冯·诺依曼于 1945 年提出"程序存储"的思想，正常情况是人输入一条命令，计算机完成一项工作。让计算机自动完成很多工作，就要先把很多命令集合在一起，称之为程序，将程序保存在计算机中，计算机读取一条命令，执行一个任务，再取命令，再执行任务……，这样计算机就能自动高效工作了。

2. 基本组成

计算机由运算器、存储器、控制器、输入设备和输出设备五部分组成，内部采用二进制数来表示指令和数据，如图 1-2 所示。

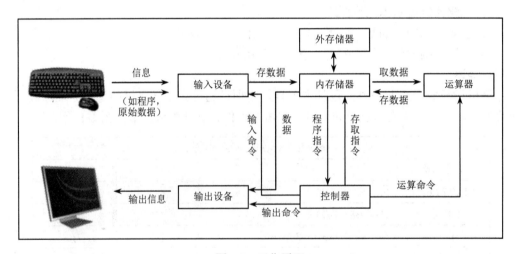

图 1-2   工作原理

任务 2   硬件配置

要装配一台电脑，就要选购处理器、主板、内存、硬盘、光驱、电源、声卡、显卡、显示器、机箱、键盘、鼠标等硬件设备。

1. CPU 选配

CPU 是中央处理单元，是计算机的核心部件，直接影响电脑的运行速度，主流 CPU 由 Intel 和 AMD 两家公司生产。主要参数有主频（CPU 的工作频率）、缓存（CPU 内部的存储器）、核心数（芯片上 CPU 的数量）。

市场上 Intel 平台有酷睿 i3、i5、i7 系列，性能和价格从低到高，本项目 CPU 选配 Intel Core i3 3210，参数如图 1-3 所示。

2. 主板选配

主板是一块电路板，安装了组成计算机的主要电路系统和接口，计算机的所有硬件设备都要插入或连接到主板上。主板常见品牌有华硕、技嘉、微星等。

选配技嘉 B85M-D3H，如图 1-4 所示。

主要参数	
型号	Intel Core i3 3210
主频	3.2GHz
三级缓存	3M
核心数量	双核 四线程
支持内存频率	DDR3 1600MHz
显示核心型号	Intel HD Graphic 2500

图 1-3　CPU 配置

主要参数	
型号	技嘉 B85M-D3H
芯片组	Intel B85
CPU 插槽	LGA 1150
支持 CPU 类型	Core 四代 i7/i5/i3
支持内存类型	DDR3
集成显卡核心	视 CPU 而定
板载声卡	集成 ALC887 芯片
板载网卡	板载千兆网卡
硬盘接口	S-ATA III
扩展插槽	2×PC, 2×PCI-E X1, 2×PCI-E X16

图 1-4　主板配置

3. 内存选配

内存是插在计算机主板上的存储器，读取速度快，容量小。目前内存条的存储容量为 1GB、2GB、4GB。常见内存品牌金士顿、宇瞻、三星、现代等。

本项目选配金士顿 4G DDR3 1333，如图 1-5 所示。

主要参数	
型　号	KVR1333D3N9/4G
适用类型	台式机
内存类型	DDR III
内存主频	DDR3 1333
内存总容量	4G
内存容量描述	单条,1×4G

图 1-5　内存配置

4. 硬盘选配

硬盘是计算机的主要外存储器，与内存比，其容量大，速度慢。硬盘容量有 2TB、1TB、500G 等，目前常用硬盘类型是 SATA 接口，常见品牌有西部数据、希捷、HGST、三星等。

本项目选配希捷 1TB 64M SATA3，如图 1-6 所示。

基本参数	
型号	ST1000VX000
容量	1000G 单碟
转速	7200rpm
缓存容量	64M
接口标准	S-ATA Ⅲ
IOPS 值	读取:210M,写入:156M
平均寻道时间	读:<8.5ms,写:<9.5ms

图 1-6　硬盘配置

5. 显卡选配

显卡是计算机与显示器信息转换和连接的器件。集成显卡是集成在主板上，其功耗低，但性能相对低。独立显卡是单独的一块电路板，显示效果和性能相对较好，但要单独购买。

本项目主板上已有集成显卡，不需要单独选配，如对显示要求高，可备选一个独立显卡——七彩虹 210-GD3 CF 黄金版 1024M，如图 1-7 所示。

基本参数	
型号	210-GD3 CF 黄金版 1024M
芯片型号	NVIDIA GeForce 210
显卡接口标准	支持 PCI Express 2.0
输出接口	1×VGA,1×DVI-I,1×HDMI
显存容量	1024M
显存类型	GDDR 3
核心频率	589MHz
分辨率	2560×1600

图 1-7　显卡配置

6. 机箱电源选配

（1）计算机机箱。机箱通过接口与外部的显示器、键盘、鼠标相连，其他硬件都要安装在机箱内。目前机箱品牌性价比较高的有游戏悍将、超频三、金河田、航嘉等。

本项目选配金河田升华零辐射版，如图 1-8 所示。

主要参数	
型号	升华 零辐射版
机箱样式	立式 ATX
兼容主板	ATX 主板
机箱仓位	2 个光驱位,3 个硬盘位
扩展插槽	7 个
接口描述	USB,耳机,麦克风
机箱尺寸	415×192×418mm

图 1-8　机箱配置

（2）计算机电源，为计算机供电。电源类型分为 AT 电源、ATX 电源、Micro ATX 电源、BTX 电源。常见的品牌有长城、游戏悍将、航嘉、酷冷至尊、金河田等。

本项目选配金河田传奇 ATX-S400 静音版电源，如图 1-9 所示。

主要参数	
型号	传奇 ATX-S400
适用类型	台式机
电源标准	ATX,ATX 2.31 版
额定功率	300W
最大功率	400W
适用 CPU	Intel 双核，AMD 双核
接口描述	IDE 接口,S-ATA 接口

图 1-9　电源配置

7. 显示器选配

目前普遍都选用液晶显示器，应根据用途考虑屏幕大小、点距、像素、分辨率、刷新频率，以及对比度、速度和亮度的参数。常见品牌有的三星、明基、AOC、惠科等。

本项目选用惠科第五元素 D1915 液晶显示器，如图 1-10 所示。

基本参数	
型号	D1915
尺寸	19 英寸
点距	0.283mm
屏幕比例	16:10
接口类型	15 针 D-Sub(VGA)
分辨率	1440×900
响应速度	5ms
背光类型	CCFL

图 1-10　显示器配置

8. 键盘鼠标选配

键盘和鼠标是计算机必配的输入设备。

本项目选用最普通的金河田 KM1700 套装，如图 1-11 所示。

基本参数	
型号	KM1700
键盘型式	薄膜式
键盘接口	PS/2
鼠标类型	光电鼠标
鼠标接口	PS/2,USB

图 1-11　键盘鼠标配置

9. 光驱选配

光驱是计算机用来读写光碟内容，也是台式机和笔记本电脑里比较常见的一个部件。目前，光驱可分为 CD-ROM 光驱、DVD 光驱（DVD-ROM）、康宝（COMBO）、蓝光光驱（BD-ROM）和刻录机等。

根据项目用途考虑，选用先锋 DVR-118CHV，如图 1-12 所示。

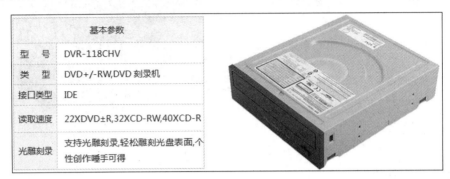

基本参数	
型　号	DVR-118CHV
类　型	DVD+/-RW,DVD 刻录机
接口类型	IDE
读取速度	22XDVD±R,32XCD-RW,40XCD-R
光雕刻录	支持光雕刻录,轻松雕刻光盘表面,个性创作唾手可得

图 1-12　光驱配置

任务 3　软件配置

1. 操作系统

计算机硬件配置安装好后，计算机不能工作，必须安装操作系统软件才能工作。操作系统是管理计算机资源、方便用户操作的程序，常用的是微软公司的 Windows 操作系统。

本项目选用 Windows 7 操作系统，如图 1-13 所示。

图 1-13　Windows 7 软件

2. 办公软件

在日常学习、生活、办公中，经常要进行文字处理、表格制作、幻灯片制作、简单数据库的处理等方面的工作，就需要在计算机上安装办公软件。常用的有微软 Office 系列和金山 WPS Office 系列办公软件。

本项目选用 Office 2010 系列办公软件，其中有文字处理软件 Word、电子表格处理软件 Excel、演示文稿处理软件 PowerPoint 等，如图 1-14 所示。

3. QQ 软件

腾讯 QQ 是即时通信软件，有上亿用户，支持在线、视频、语音聊天，传输、共享文件，网络硬盘，QQ 邮箱等多种功能，并且可以在智能手机上使用。

本项目安装 QQ 软件，如图 1-15 所示。

图 1-14　Office 办公软件

图 1-15　QQ 软件

4. 360 安全卫士

360 安全卫士是一款由"奇虎 360"公司推出的功能强、效果好、受用户欢迎的上网安全软件。有查杀木马、清理插件、修复漏洞、电脑体检、电脑救援、保护隐私等多种功能，已超过 3.5 亿计算机首选安装，如图 1-16 所示。

图 1-16　360 安全卫士软件

5. 360 杀毒软件

360 杀毒是一款免费的云安全杀毒软件，具有查杀率高、资源占用少、全面诊断、精准修复、升级迅速等优点。一直稳居安全查杀软件市场份额头名，如图 1-17 所示。

图 1-17   360 杀毒软件

综合实训 1

1. 组装计算机
项目要求
（1）自己组装一台 3000 元左右的台式家用计算机，请选择计算机硬件配置。
（2）填写主要配件的型号、主要参数、价格。

计算机硬件配置单			
配件名称	配件型号	主要参数	参考价格
CPU			
主板			
内存			
硬盘			
显卡			
机箱			
电源			
显示器			
键鼠			
光驱			
其他			
总计			

2. 品牌计算机
项目要求
（1）购买一台 4000 元左右的品牌分体台式商用计算机。

（2）填写品牌及配件的主要参数。

计算机硬件配置单	
品牌名称型号：	
主要用途特点：	
价格：	
配件名称	主要参数
CPU	
主板	
内存	
硬盘	
显卡	
电源	
显示器	
光驱	
其他	

3．笔记本电脑

项目要求

（1）购买一台 3000 元左右的品牌笔记本电脑。

（2）填写品牌及主要配件参数。

项目	参数	项目	参数
品牌		型号	
屏幕尺寸		屏幕比例	
CPU 平台		显卡	
显存容量		内存容量	
硬盘容量		光驱类型	
重量		电池	
网卡类型		输入设备	
是否触摸屏：		价格区间	

4．电脑一体机

项目要求

（1）购买一台 4000 元左右的一体机。

（2）填写品牌及主要配件的主要参数。

项目	参数	项目	参数
品牌		型号	
屏幕尺寸		屏幕比例	

项目	参数	项目	参数
CPU 平台		显卡	
显存容量		内存容量	
硬盘容量		光驱类型	
网卡类型		价格区间	

5. 常用软件安装

项目要求

（1）购买计算机后，要为计算机安装常用软件。

（2）填写首选和备选软件的名称、版本号。

功能	首选软件名称、版本号	备选软件名称、版本号
操作系统		
安全上网		
杀毒软件		
聊天工具		
压缩工具		
下载工具		
输入法		
视频软件		
音频软件		
图片软件		
办公软件		
翻译工具		
其他		

项目 2　打字高手——学会中英文输入

教学目标

（1）掌握键盘的使用方法。

（2）掌握标准打字指法。

（3）掌握中文输入方法。

（4）会用"金山打字通"练习中英文输入。

项目描述

计算机是通过键盘录入信息的，本项目通过熟悉键盘布局、掌握键盘使用、用标准指法输入中英文、练习使用打字软件进行，不断提高打字速度。使用"金山打字通 2013"软件进行"打字测试"，要求英文打字速度 120 字/分钟，中文 60 字/分钟，如图 2-1 所示。

图 2-1　"金山打字通"打字测试

任务 1　键盘使用

1. 认识键盘

键盘是最常用也是最主要的输入设备，可以分为主键盘区、功能键盘区、控制键区、数字辅助键盘区和状态指示区，如图 2-2 所示。

图 2-2　标准键盘图

（1）功能键区：一般键盘上都有 F1～F12 共 12 个功能键，其最大的一个特点是单击即可完成一定的功能。

（2）主键盘区：由数字、字母、符号等按键组成，键盘上字母键分布主要是方便英文使用者的输入习惯，要在操作过程中体会并牢记。

（3）编辑键区：起编辑控制作用的，如插入或改写状态、删除内容、光标移动、翻页等。

（4）数字键区：方便输入大量数据。

（5）状态指示区：指示当前键盘状态，如大小写状态、数字键区的编辑和数字状态等。

2. 使用键盘

（1）字符键

回车键	"Enter"。按下此键，标志着命令或语句输入结束
退格键	标有"←"或"BackSpace"，使光标向左退回一个字符
空格键	位于键盘下方的一个长键，用于输入空格
制表键	标有"Tab"。每按一次，光标向右移动一个制表位
箭头键	光标上移或下移一行，左移或右移一个字符的位置

（2）编辑键

Home 键	将光标移到屏幕的左上角或本行首字符
End 键	将光标移到本行最后一个字符的右侧
PageUp 和 PageDn 键	上移一屏和下移一屏
插入键 Ins	按一下处于插入状态，再按一下，解除插入状态
删除键 Delete	删除光标所在的字符，右侧字符自动向左移动
Ctrl	此键必须和其他键配合使用才能起作用
Alt	此键一般用于程序菜单控制、汉字输入方式转换等

（3）控制键

换档键	标有 Shift 键。此键一般用于输入上档键字符
Esc 键	用于退出当前状态或进入另一状态或返回系统
Caps Lock 键	大写或小写字母的切换键
Print Screen 键	屏幕信息直接拷贝。"ALT"+该键复制当前窗口的信息
F1~F12 键	其功能由操作系统或应用程序定义

（4）组合键

"Ctrl+C"复制、"Ctrl+X"剪切、"Ctrl+V"粘贴、"Ctrl+Z"撤消、"Shift+Delete"永久删除、"Ctrl+A"全选、"Alt+Tab"在打开的各项之间切换、"Ctrl+空格键"中英文切换、"Ctrl+Shift"输入法切换。

（5）徽标键（简称 Win）

"Win"显示或隐藏"开始"菜单、"Win+ D"显示桌面、"Win+ M"最小化所有窗口、"Win + Shift + M"还原最小化的窗口、"Win + E"打开"我的电脑"、"Win + F"搜索文件或文件夹。

任务 2　标准指法

指法是指用户敲击键盘的方法。用户从开始学计算机起，就应严格按照正确的指法进行操作，学习坚持用标准指法打字能提高输入速度、降低误码率。

1. 打字姿势

在打字之前，一定要保持端正的坐姿。正确的坐姿既有利于身体健康，不易产生疲劳，又可以提高键盘的输入速度。

2．标准键位

左手食指落放在 F 键上，中指、无名指、小指依次落放在 D、S 和 A 键上；右手食指落放在 J 键上，中指、无名指、小指依次落放在 K、L 和 "；"（分号）键上，左右手两个大拇指落放在空格键上。

3．手指分工

一定要严格按照其分工击打，决不能越位到其他键位上击打。击上一排键时，手指伸出，击下一排键时，手指缩回，击完键后迅速返回原位。下面介绍每一个手指的具体击键分工情况如图 2-3 所示。

图 2-3　手指分工

任务 3　中文输入

常用的中文输入法有微软拼音输入法、搜狗拼音输入法、搜狗五笔输入法、QQ 拼音输入法、QQ 五笔输入法等。下面以微软拼音输入法为例，介绍汉字输入方法，有兴趣的同学可以自己学习五笔字型输入法。

1．打开输入法

（1）在语言栏上单击键盘按钮，然后在菜单中选择"微软拼音-新体验 2010"选项，或者按 Ctrl+Shift 组合键切换，如图 2-4 所示。

图 2-4　输入法选择

（2）微软拼音输入法的状态条将出现在语言栏上，各按钮含义如图 2-5 所示。

2．输入拼音

我们来输入这样一句话"大家喜欢和她去打球"，连续输入拼音，在输入过程中会看到如图 2-6 所示的中文输入窗口，虚线上是组字窗口，显示输入拼音转换后的汉字；下划线上是拼音窗口，显示的字母是正在输入的拼音串；拼音窗口下面是候选窗口，蓝色显示的候选是微软拼音输入法对当前拼音串转换结果的推测,其他候选列出了当前拼音可能对应的全部汉字或词组,可以按加号、减号或者 PageDown 和 PageUp 翻页来查看更多的候选。

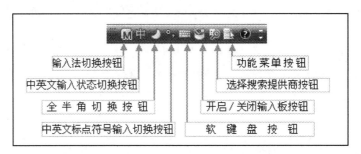

图 2-5 输入法状态条

图 2-6 中文输入窗口

3. 转换汉字

2010 风格采用基于语句的连续转换方式,可以不间断地输入整句话的拼音,输入法会自动完成拼音转换成汉字的过程。也可以按 BackSpace 键将拼音强制转换成蓝色显示的候选项,或者按数字键将拼音强制转换成指定的候选汉字。在这个例子中,我们在输入完完整句子之后,将"他"修改成"她"。按左右方向键将光标移到"他"的前面,这个例子中我们选择 3 号候选,如图 2-7 所示。

图 2-7 修改汉字

4. 修改拼音

输入过程中也可以将组字窗口中转换的汉字反转成拼音,进行修改编辑。您可以使用"Shift+BackSpace"键或者重音符"`"来进行拼音反转。将光标左边的汉字反转成拼音,方法如下:将光标移到汉字的右边,按 Shift+BackSpace 组合键,如图 2-8 所示。

图 2-8 修改拼音

5. 确认输入

在您确认输入之前,拼音窗口和组字窗口中的内容并没有传递给编辑器,这时如果按 Esc 键,拼音窗口和组字窗口中的内容将全部丢失。如按 Enter 键,拼音窗口和组字窗口中的内容

（包括未转成汉字的拼音）将全部传递给编辑器；如按 BackSpace 键，如果拼音窗口中还有未转成汉字的拼音，则先转成汉字。

任务 4 金山打字通

打开"金山打字通 2013"软件，如图 2-9 所示。"新手入门"练习键位和标准指法，"英文打字"、"拼音打字"练习中英文输入，练习一段时间后，进行"打字测试"，要求英文打字速度 120 字/分钟，中文 60 字/分钟。错误控制在 4 个以内。

图 2-9 金山打字通 2013

项目实战

（1）打开"金山打字通"。

（2）"新手入门"练习键位和标准指法。

（3）"英文打字"、"拼音打字"练习中英文输入。

（4）进行"打字测试"，并记录每位同学的成绩。

综合实训 2

1. 关于蓝盾公司

项目要求

输入如图 2-10 所示的文字。

项目样文

> 蓝盾信息安全技术股份有限公司（下称"公司"）成立于 1999 年 10 月，总部设在广州。公司是国家火炬计划重点企业、广东省高新技企业、广东省双软企业、广东省网络安全技术研究工程中心等，是国内最早从事信息安全产品研发、生产、销售，拥有自主知识产权的专业网络安全企业。蓝盾信息安全技术股份有限公司作为中国信息安全行业领先的专业网络安全企业和服务提供商。十几年来，蓝盾人凭借高度民族使命感和责任感，秉承『让你的安全更智慧』的理念，立足自主研发，专注信息安全市场，为客户提供安全产品、安全服务、安全集成、安全培训等多项综合性网络安全业务、打造国际一流的信息安全企业。

图 2-10 "关于蓝盾公司"项目样文

2. 发展战略

项目要求

输入如图 2-11 所示的文字。

项目样文

> 　　蓝盾公司在今年实现了在创业版上市，这有赖各位朋友的支持，下面跟大家分享一下公司的发展战略和业务情况。在战略上我们坚持安全产品、安全集成、安全服务三大产业联动发展。安全产品方面，在同类公司中我们产品线是最安全的，安全集成业务是我们率先在业内开展，是三大产业的支柱。在行业方面，我们仍然以大政府大民生行业为主线。在人才和团队发展方面，收编了一些业内的精英。而且公司筹划了一系列的对外投资项目，将会在未来重点发展的行业将会取得突破性进展。可喜的是我们公司研发团队创建性的推出了云安全运营平台项目，将我国的网站安全防护带入一个全新的云防护时代。

图 2-11　"发展战略"项目样文

3. 产品简介

项目要求

输入如图 2-12 所示的文字。

项目样文

4. 数据安全解决方案

项目要求

输入如图 2-13 所示的文字。

> 　　一直以来蓝盾公司致力于网络安全产品的研发，已自主研发出蓝盾防火墙、多功能安全网关(UTM)、账号集中管理、安全审计、入侵检测、漏洞扫描等十个系列，近 50 个型号的产品，各项产品均通过国家公安、安全、保密、军队等权威主管部门检测认证；并以安全产品为基础，建立信息安全保障体系为目标，以等级保护为主线，并提供全方位的专业安全服务。目前，蓝盾公司为华南地区最大的专业网络安全厂家，"蓝盾"已成为华南地区网络安全第一品牌；公司产品涉及政府、电信、金融、军队、能源、交通、教育、流通、邮政、制造等行业的九千余家客户群体。公司现已在北京，上海，重庆，深圳，武汉，杭州，河北，广西，黑龙江，四川，福建等主要大中城市设有分支机构。

图 2-12　"产品简介"项目样文

项目样文

> 　　蓝盾公司发现用户有时很难避免各种突如其来的数据安全管理问题，而一旦发生信息泄露将对用户造成极端恶劣的影响。蓝盾公司为了降低数据安全风险损失，重点在"谁在什么时候以何种方式从哪里访问了数据库里那个数据？"提出数据安全解决方案，为数据安全提供全面检测手段，对用户数据提出严格审计策略。蓝盾针对保护数据安全过程中，以事前防御、事中审计、全面管理为核心思想，结合蓝盾对用户需求和先进的产品架构设计理念，提出蓝盾数据安全解决方案，实现保护单位数据安全的目的。蓝盾数据安全解决方案是一种直接解决数据库安全性和遵从性问题的自动、有效且高效的方法。解决方案将在物理层与政策建设基础上，从防、审、追与管四方面部署数据安全的保护策略。从来实现为我们的数据安全保驾护航。

图 2-13　"数据安全解决方案"项目样文

5. 实验室解决方案

项目要求

输入如图 2-14 所示的中文字。

项目样文

> 　　蓝盾作为国内最早专注于信息安全事业的专业厂商，为解决信息安全人才的供需矛盾，为加快信息安全人才培养的能力，为学校信息安全实验室的建设提供技术先进、覆盖面广、扩展性强的解决方案，从而建设具有专业化的计算机信息安全实验室和攻防实验室，为高等院校计算机、网络工程和信息安全等相关专业进行信息安全教学及科研提供一个完整的、一体化的实验教学环境。蓝盾专业的实习就业指导、师资培训，完善的课程体系、认证体系对信息安全教学的有效进行提供了强有力的保障。网络安全主要产品有：蓝盾防火墙系统、蓝盾入侵检测系统、蓝盾漏洞扫描系统、蓝盾 DDoS 防御网关、蓝盾网络侦查与黑客追踪系统、蓝盾人类声纹智能鉴别系统。

图 2-14　"实验室解决方案"项目样文

第 2 部分　中文操作系统 Windows 7

项目 3　使用计算机——学会定制工作环境

教学目标

（1）熟悉 Windows 7 桌面和窗口。

（2）熟练掌握对系统主题、桌面、"开始"菜单、任务栏等进行个性化设置。

（3）掌握用户管理、程序管理、输入法管理等控制面板的使用方法。

项目描述

Windows 7 操作系统提供个性化设置功能，用户可根据自己的需求合理配置工作环境。通过定制个性化 Windows 7 工作环境，学会定制主题、自定义桌面图标、设置"开始"菜单和任务栏、添加桌面小工具、添加新用户的方法和技巧。本项目添加"蓝盾股份"新用户，并定制个性化的工作环境，项目设置要求如图 3-1 所示。

项目设置	具体要求
添加新用户	蓝盾股份
个性化桌面	主题——"自然" 桌面背景——10 秒钟播放主题图片 窗口颜色——"天空" 声音方案——"风景" 屏幕保护——"气泡"
任务栏	锁定 IE、Word
通知区域	显示声音图标
桌面小工具	时钟、天气
输入法	"搜狗"移动到最前面

图 3-1　定制个性化工作环境

任务 1　桌面窗口

1. Windows 7 桌面

登录 Windows 7 后，展现在用户面前的整个画面就是桌面，它是用户工作的平台。它通常包括图标、任务栏和桌面背景三部分，如图 3-2 所示。

桌面图标是由一个形象的小图片和说明文字组成，双击该图标可以快速打开某个对应的文件、文件夹或应用程序等。任务栏主要由"开始"菜单按钮、快速启动工具栏、打开的程序窗口按钮和通知区域等几部分组成，默认情况出现在底部的任务栏。桌面背景又称为桌布或壁纸，用户可以根据自己的喜好更改。

图 3-2　Windows 7 桌面

2. 窗口

窗口是 Windows 7 的基本对象，包括应用程序窗口和文档窗口。一个典型窗口包括标题栏、菜单栏、工具栏、工作区、滚动条等，如图 3-3 所示。

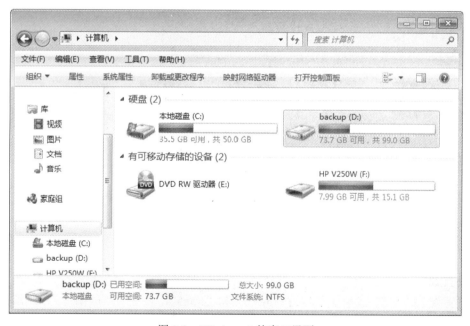

图 3-3　Windows 7 的窗口界面

（1）调整窗口。在标题栏上按下鼠标左键拖动，移动到目标位置后释放鼠标，实现移动窗口。利用窗口右上角的"最小化"、"最大化"或"向下还原"、"关闭"按钮控制大小或关闭窗口。另外，双击标题栏也可以将窗口放大或还原；还可以利用鼠标拖曳窗口边框或窗口角调整窗口大小。

（2）切换窗口。在任务栏上单击应用程序图标按钮来切换窗口，或使用 Alt+Tab、Alt+Esc 组合键切换窗口。

（3）排列窗口。右击任务栏的空白区域，打开任务栏快捷菜单，用户可以对窗口进行"层叠窗口"、"堆叠显示窗口"（横向平铺）和"并排显示窗口"（纵向平铺）操作。

任务 2   个性设置

Windows 7 个性化设置主要包括：个性化主题、个性化桌面图标、个性化"开始"菜单、个性化任务栏、桌面小工具等操作。

1. 个性化主题

主题是计算机上的图片、颜色和声音的组合。它包括桌面背景、屏幕保护程序、窗口边框颜色和声音方案，某些主题也可能包括桌面图标和鼠标指针。右击桌面上的空白处，在快捷菜单中选择"个性化"选项，弹出"个性化"窗口，如图 3-4 所示，选择要设置的主题。单击主题框下方的"桌面背景"、"窗口颜色"、"声音"或"屏幕保护程序"按钮可进行相关设置。

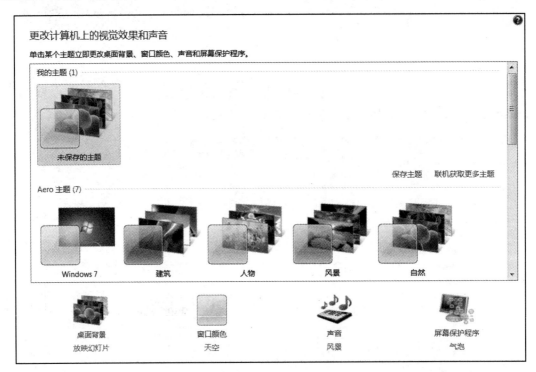

图 3-4   "个性化"设置窗口

项目实战

设置主题为"自然"，桌面背景为"img2"和"img5"，设置"更改图片时间间隔"为 10 秒钟，窗口颜色为"天空"，声音方案为"风景"，屏幕保护程序为"气泡"。

2. 个性化桌面图标

（1）显示/隐藏桌面图标。在桌面右击，选择"个性化"选项，单击"个性化"窗口左侧的"更改桌面图标"按钮，弹出"桌面图标设置"对话框，如图 3-5 所示，选取需要显示的图标。也可以单击"更改图标"按钮设置不同的图标图案。

图 3-5　"桌面图标设置"对话框

（2）排列桌面图标。在桌面右击，如图 3-6 所示，在"查看"子菜单中可选择"大图标、中等图标"、"小图标"、"自动排列图标"、"将图标与网格对齐"选项等。在"排序方式"子菜单中可选择按"名称"、"大小"、"项目类型"、"修改日期"选项排序。

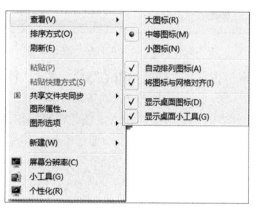

图 3-6　桌面快捷菜单

（3）添加和删除桌面快捷图标。双击桌面快捷方式图标可以快速打开相应的文件、文件夹或应用程序，快捷方式是一个表示与某个项目链接的图标。右击需要创建快捷方式的项目，选择"发送到"→"桌面快捷方式"命令，如图 3-7 所示。快捷方式也可以创建到开始菜单、任务栏及其他任意位置。

图 3-7　创建桌面快捷方式

3．设置开始菜单和任务栏

（1）设置"开始"菜单。在任务栏上右击，打开快捷菜单，单击"属性"命令，打开"任务栏和开始菜单属性"对话框，单击"开始菜单"选项卡标签显示"开始菜单"选项卡，单击"自定义"按钮，打开"自定义开始菜单"对话框，如图 3-8 所示。

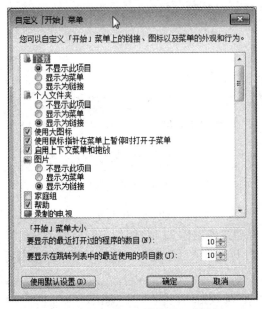

图 3-8　"自定义开始菜单"对话框

（2）设置任务栏。将鼠标指针指向任务栏中的图标，右击选择"将此程序锁定到任务栏"或"将此程序从任务栏解锁"选项，完成程序的锁定和解锁。右击任务栏，弹出快捷菜单，如图 3-9 所示，可进行窗口排列方式、显示桌面和锁定任务栏等操作。单击任务栏右侧通知区域的"显示隐藏的图标"按钮，单击"自定义"可设置任务栏上出现的图标和通知，如图 3-10 所示。

图 3-9　任务栏右键鼠标对话框

4．桌面小工具

Windows 7 系统中包含称为"小工具"的小程序，可以提供即时信息以及访问常用工具的途径。右击桌面，选择"小工具"选项，弹出如图 3-11 所示的对话框，双击图标添加，可将小工具拖动到桌面上的任何新位置。双击小工具的"关闭"按钮，可删除小工具。

选择在任务栏上出现的图标和通知

如果选择隐藏图标和通知，则不会向您通知更改和更新。若要随时查看隐藏的图标，请单击任务栏上通知区域旁的箭头。

图标	行为
网络 *网络 Internet 访问*	隐藏图标和通知 ▼
360安全卫士 安全防护中心模块 *360安全卫士 - 安全防护中心完全开启*	显示图标和通知 ▼
360杀毒 主程序 *360杀毒 - 文件系统实时防护已开启*	仅显示通知 ▼

打开或关闭系统图标

还原默认图标行为

☐ 始终在任务栏上显示所有图标和通知(A)

图 3-10 "设置任务栏上出现图标和通知"对话框

图 3-11 桌面小工具库

项目实战

（1）自定义"开始"菜单。设置"要显示最近打开过的程序数目"为 10，"显示在跳转列表中的最近使用的项目数"为 5 。

（2）将 IE 和 Word 锁定到任务栏，在通知区域显示声音图标。

（3）在桌面添加时钟和天气小工具。

任务 3 控制面板

控制面板是 Windows 7 图形用户界面的一部分，可通过"开始"菜单访问。它允许用户查看并操作基本的系统设置和控制，比如管理系统、用户、网络、外观、程序及硬件等。单击"开始"按钮，选择"控制面板"命令，打开"控制面板"窗口，如图 3-12 所示。

1. 用户管理

Windows 7 系统有三种类型的账户："标准用户"适用于日常计算；"管理员"可以对计算机进行最高级别的控制；"来宾账户"主要针对需要临时使用计算机的用户。用户管理通常包括新建用户、更改用户、删除用户、注销与切换用户等操作。

图 3-12 "控制面板"窗口

（1）新建用户。单击"控制面板"上的"用户账户和家庭安全"选项，单击"添加或删除用户和账户"，打开"管理账户"窗口，如图 3-13 所示。单击"创建一个新账户"，系统打开"创建新账户"窗口，如图 3-14 所示，单击"创建账户"可以新建一个用户，一般建议创建标准用户。

图 3-13 "管理账户"窗口

（2）更改用户。对已创建好的账户，用"管理员"类型用户登录计算机后，可以添加或删除账户，也可更改其他账户的名称、创建或更改密码、更改账户图标和账户类型等。

（3）注销与切换用户。单击"开始"按钮，然后单击"关机"按钮向右的箭头，打开"退出系统"菜单，如图 3-15 所示，单击"注销"按钮会将正在使用的所有程序都关闭，但计算机不会关闭。如果计算机上有多个用户，另一用户要登录该计算机，不关闭当前用户打开的程序和文件，单击"切换用户"按钮，然后在列表中单击需要登录的用户，必要时输入密码即可。

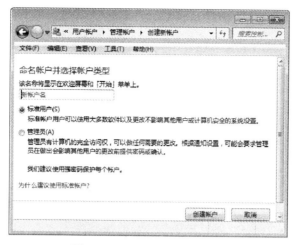

图 3-14　"创建新账户"窗口

图 3-15　"退出系统"菜单

2. 程序管理

在使用计算机时，用户可根据自己需要安装或删除程序。

（1）安装程序。在 Windows 7 下安装程序，只要找到其安装程序文件，通常安装程序文件名为 setup.exe、install.exe 等，双击启动该文件，根据提示完成程序的安装。

（2）删除程序。单击开始菜单中的"控制面板"命令，打开"控制面板"窗口，单击"程序"下的"卸载程序"，打开"卸载或更改程序"窗口，如图 3-16 所示。在程序列表中选择要卸载的程序，然后单击"卸载/更改"按钮，即开始卸载操作。

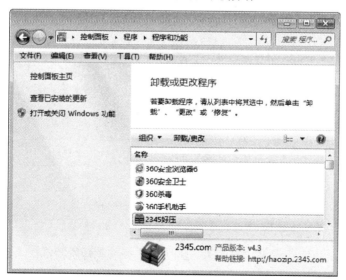

图 3-16　"卸载或更改程序"窗口

3. 输入法管理

右击任务栏上的"语言栏",单击"设置"命令,打开"文本服务和输入语言"对话框,如图 3-17 所示。在"已安装服务"列表框中显示已安装的输入法。此对话框相应按钮可实现添加输入法、删除输入法、调整输入法顺序、设置输入法属性等命令。

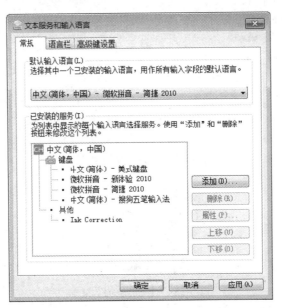

图 3-17　"文本服务和输入语言"对话框

项目实战

(1)新建一个标准用户"蓝盾股份",设置新密码为"300297",选择第 2 行第 2 列图片,操作完成后,再注销当前用户,以"蓝盾股份"账户登录系统,打开控制面板的"用户账户"窗口,如图 3-18 所示,还可进行其他相关设置。

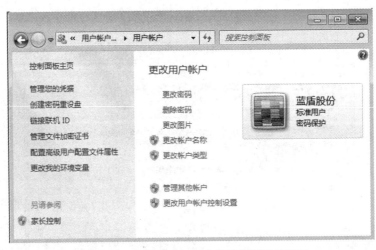

图 3-18　"蓝盾股份"用户的控制面板的界面

(2)更改输入法的排序,将"搜狗五笔输入法"移动到最前。添加"智能 ABC"输入法,项目效果如图 3-19 所示。

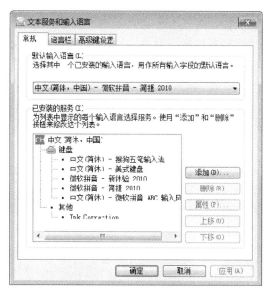

图 3-19　调整输入法项目效果

综合实训 3

1. 设置电脑工作环境

（1）设置桌面，显示"计算机"、"回收站"，小图标形式，按类型排序，小工具"日历"，"大尺寸"，不透明度 60%。

（2）设置视觉效果和声音，设置主题为"自然"，桌面背景为"img1"和"img2"，设置"更改图片时间间隔"为 5 分钟，窗口颜色为"白霜"，声音方案为"拉格"，屏幕保护程序为"变幻线"。

（3）设置快捷方式，为 IE 浏览器创建桌面快捷方式，并将此程序锁定到任务栏。

（4）设置任务栏，使用小图标并自动隐藏，列出最近打开程序数目 5 个，不显示游戏项目，显示桌面工具栏，隐藏网络的图标与通知。将现有输入法最后 1 位调到第 1 位。

（5）用户管理，启用"来宾账户"，创新标准用户 STU-1，设置密码"STU-1"，注销并切换到此用户，进入控制面板重置图标并更改密码为"abc"。

（6）程序管理，下载或直接安装教师提供的两款最新聊天工具软件，安装后，在"所有程序"和"控制面板"中查看新安装内容，通过程序自带的卸载程序和"控制面板"分别卸载这两种程序文件。

2. 设置电脑工作环境

（1）设置桌面。显示"计算机"、"回收站"、"网络"，大图标形式，按名称排序，小工具"时钟"，显示秒针，不透明度 40%。

（2）设置视觉效果和声音。设置主题为"自然"，桌面背景为"img2"和"img3"，设置"更改图片时间间隔"为 10 分钟，窗口颜色为"大海"，声音方案为"古怪"，屏幕保护程序为"彩带"。

（3）设置快捷方式。为画图创建桌面快捷方式，并将此程序锁定到任务栏。

（4）设置任务栏。使用大图标并自动隐藏，列出最近打开程序数目 10 个，"控制面板"显示为菜单，取消语言栏显示，显示网络的图标与通知。将现有输入法第 1 位与第 2 位互换。

（5）用户管理。禁用"来宾账户"，创管理员用户 TEA-1，设置密码"TEA-1"，注销并切换到此用户，进入控制面板重置图标，并更改密码为"abc"。

（6）程序管理。下载或直接安装教师提供的两款最新浏览器软件，安装后，在"所有程序"和"控制面板"中查看新安装内容，通过程序自带的卸载程序和"控制面板"分别卸载这两种程序文件。

3．设置电脑工作环境

（1）设置桌面。显示"计算机"、"回收站"、"Administrator"，大图标形式，按"项目类型"排序，小工具"CPU 仪表盘"，不透明度 40%，移到屏幕右下角。

（2）设置视觉效果和声音。设置主题为"场景"，桌面背景为"img3"和"img4"，设置"更改图片时间间隔"为 15 分钟，窗口颜色为"叶"，声音方案为"无声"，屏幕保护程序为"三维文字"。

（3）设置快捷方式。为 Word 创建桌面快捷方式，并将此程序锁定到任务栏。

（4）设置任务栏。使用大图标并自动隐藏，在跳转列表中使用项目数 5 个，显示运行命令，显示网络的图标与通知，添加"郑码输入法"。

（5）用户管理。禁用"来宾账户"，创新标准用户 STU-1，设置密码"STU-1"，注销并切换到此用户，进入控制面板重置图标并更改密码为"abc"。

（6）程序管理。下载或直接安装教师提供的两款最新杀毒软件，安装后在"所有程序"和"控制面板"中查看新安装内容，通过程序自带的卸载程序和"控制面板"分别卸载这两种程序文件。

4．设置电脑工作环境

（1）设置桌面。显示"计算机"、"回收站"，大图标形式，按"修改时期"排序，小工具"货币"，设置从美元到人民币的兑换。

（2）设置视觉效果和声音。设置主题为"中国"，桌面背景为"img4"和"img5"，设置"更改图片时间间隔"为 20 分钟，窗口颜色为"太阳"，声音方案为"字符"，屏幕保护程序为"空白"。

（3）设置快捷方式。为 QQ 创建桌面快捷方式，并将此程序锁定到任务栏。

（4）设置任务栏。使用小图标并自动隐藏，列出最近打开程序数目 5 个，不显示游戏项目，显示桌面工具栏，隐藏网络的图标与通知。将现有输入法第 1 位移到第 3 位。

（5）用户管理。启用"来宾账户"，创建管理员用户"GDKM"，设置密码"gdkm"，注销并切换到此用户，进入控制面板，重置图标并更改密码为"GDKM"。

（6）程序管理。下载或直接安装教师提供的两款最新聊天软件，安装后在"所有程序"和"控制面板"中并查看新安装内容，通过程序自带的卸载程序和"控制面板"分别卸载这两种程序文件。

5．设置电脑工作环境

（1）设置桌面。显示"计算机"、"回收站"、"网络"、"Administrator"，大图标形式，按名称排序，小工具"图片拼图板"，选择第 2 幅图。

（2）设置视觉效果和声音。设置主题为"建筑"，桌面背景为"img5"和"img6"，设置"更改图片时间间隔"为 30 分钟，窗口颜色为"紫红色"，声音方案为"下午"，屏幕保护程序为"气泡。

（3）设置快捷方式。为 C:\WINDOWS 创建桌面快捷方式。

（4）设置任务栏。使用大图标并取消自动隐藏，设置电源按钮操作为"睡眠"，启用任务管理器，结束正在运行的第 1 个任务，调整系统的日期和时间。

（5）用户管理。启用"来宾账户"，创建标准用户"GDKM-S"和管理员用户"GDKM-T"，为用户分别设置与用户名相同的密码。

（6）程序管理。下载或直接安装教师提供的两款最新看图软件，安装后，在"所有程序"和"控制面板"中查看新安装内容，通过程序自带的卸载程序和"控制面板"分别卸载这两种程序文件。

项目 4　管理计算机——学会管理软硬件资源

教学目标

（1）掌握文件、资源管理器、库、文件操作、搜索查找等对文件的管理方法。
（2）学会更改卷标、格式化磁盘等对磁盘的管理方法。
（3）熟练掌握"画图"、"计算器"、"记事本"等常用附件的用法。

项目描述

本项目从管理计算机中的资源文件入手，学习使用资源管理器对文件和文件夹的管理，掌握文件和文件夹的创建、复制等操作的具体方法和步骤，学习磁盘管理和常用附件使用方法。通过本项目的学习，使学生掌握对文件和磁盘等软硬件资源的管理操作，学会常用附件的使用方法和技巧。项目完成后，建立如图 4-1 所示的目录结构和相关文件。

磁盘	目录结构	子目录	文件	说明
D:	\项目 3 练习\	文本	日记.txt	新建的"文档文本"
			计算题.txt	"计算器"和"记事本"
		字体	Times New Roman	查找复制的字体文件
		图片	我的家乡.jpg	"画图"制作的图片文件
			s*.jpg	搜索的图片文件
		音乐	.mp3	搜索的音乐文件

图 4-1　项目建立的目录结构和相关文件

任务 1　文件管理

1. 文件和文件夹

文件是数据组织的一种形式，计算机中的所有信息都是以文件的形式存储的，如用户的一份简历、一幅画、一首歌、一副照片等都是以文件的形式存放的。首先双击桌面"计算机"图标，然后双击 C 盘，再双击"Windows"，会显示如图 4-2 所示的文件和文件夹等内容。

2. 资源管理器

资源管理器是 Windows 7 系统提供的资源管理工具，用于管理文件、文件夹、存储器等计算机资源。单击"开始"菜单按钮，选择"所有程序"→"附件"→"Windows 资源管理器"命令，或右击"开始"菜单按钮，选择"资源管理器"命令，启动资源管理器，如图 4-3 所示。

图 4-2　C 盘 Windows 目录窗口

图 4-3　资源管理器窗口

（1）布局设置。选择"组织"→"布局"命令，如图 4-4 所示，在弹出的下拉菜单中选择布局显示的内容。

（2）改变显示方式。单击工具栏上的"查看"菜单，在弹出的菜单中选择相应的显示方式，如图 4-5 所示。或单击工具栏上的"更多选项"提示按钮，弹出"视图选择"列表，如图 4-6 所示，选择相应的选项内容。

（3）改变排列方式。单击工具栏上的"查看"菜单，选择"排序方式"，在弹出的下拉菜单中选择排序的方式，如图 4-7 所示。

（4）文件夹选项。打开资源管理器，单击"工具"菜单，选择"文件夹选项"命令，弹出"文件夹选项"对话框，如图 4-8 所示，可设置浏览和打开方式，切换到"查看"选项卡，可设置隐藏文件、文件扩展名等。

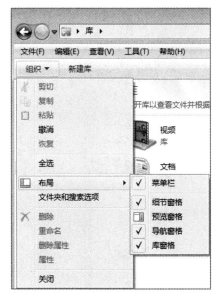

图 4-4　"布局"设置对话框

图 4-5　"查看"菜单

图 4-6　"视图选择"列表

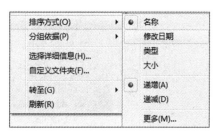

图 4-7　"排列方式"菜单

图 4-8　"文件夹选项"对话框

（5）库。库是用于管理文档、音乐、图片和其他文件的位置，用户可以使用与在文件夹中浏览文件相同的方式，库实际上不存储文件，库的管理方式更加接近于快捷方式。在"库"窗口中可以右击来新建库。也可以打开现有的库，单击库名称下一行的位置提示处，弹出"更改此库收集其内容的方式"对话框，如图4-9所示，单击"添加"按钮，选择文件夹添加到库中。

图 4-9 "更改此库收集其内容的方式"对话框

3. 文件或文件夹操作

（1）新建。在资源管理器中选择需要新建文件或文件夹的位置，单击"文件"菜单下的"新建"命令，如图 4-10 所示；或右击空白处，在弹出的快捷菜单中单击"新建"→"文件夹"命令，或者选择需要的文件类型即可。

图 4-10 新建菜单

（2）选择。在窗口单击文件或文件夹，即选中该文件或文件夹；单击连续文件或文件夹中的第一个文件或文件夹，然后按住 Shift 键，再单击最后一个要选的文件或文件夹，可选择连续多个文件或文件夹；按住 Ctrl 键，再依次单击想要选中的文件或文件夹，可选择不连续的多个文件或文件夹；按 Ctrl+A 组合键，或者从当前文件夹窗口区域的某个顶角处，向其对角拖动鼠标，可选中当前文件夹中的所有文件和文件夹。按住 Ctrl 键，单击已选中的文件或文件夹，即可取消单个文件或文件夹。在选择文件或文件夹图标外的空白处单击鼠标，即可取消所有的选择。

（3）复制。如果是同一个驱动器的两个文件夹间进行复制，则在拖动对象到目标位置的同时按住 Ctrl 键；如是在不同驱动器的两个文件夹间进行复制，直接拖动对象到目标位置即可实现复制。在拖动过程中，鼠标指针右边会有一个"＋"。另外：选定文件或文件夹，单击"编辑"菜单中的"复制"命令或按 Ctrl+C 组合键，然后在目标文件夹中单击"编辑"菜单中的"粘贴"命令，或按 Ctrl+V 组合键即可。

（4）移动。如果是同一个驱动器的两个文件夹间进行移动，则直接拖动到目标位置，即实现移动；如是在不同驱动器的两个文件夹间进行移动，在拖动对象到目标位置的同时按住 Shift 键即可实现移动。另外，选定文件或文件夹，单击"编辑"菜单中的"移动"命令或按 Ctrl+X 组合键，然后在目标文件夹中单击"编辑"菜单中的"粘贴"命令，或按 Ctrl+V 组合键即可。

（5）改名。选中文件或文件夹，选择"文件"菜单下的"重命名"命令，或是在文件或文件夹上右击鼠标，选择"重命名"命令，输入新的名称后按 Enter 键确认即可。

（6）删除。选中要删除的文件或文件夹，然后按 Delete 键，或者单击"文件"菜单中的"删除"命令，又或者直接将选中对象拖动到回收站中均可删除。如果用户删除的对象是计算机硬盘上的，则系统默认是将其移入回收站，如果是误删除，还可以从回收站中将文件或文件夹还原。如果要将硬盘上的文件或文件夹彻底删除，不放入回收站，则在执行删除操作的同时按住 Shift 键即可。

（7）搜索。Windows 7 中的搜索框是无所不在的。在开始菜单中、在资源管理器窗口中都有，搜索框位于每个窗口的顶部。它根据输入的文本筛选当前位置中的内容，搜索将查找文件名和内容中的文本，以及标记等文件属性中的文本。如果在库中，搜索包括库中包含的所有文件夹及这些文件夹中的子文件夹。

项目实战

（1）在 D 盘上，新建目录结构为"D:\项目 3 练习\A"、"D:\项目 3 练习\B"、"D:\项目 3 练习\C"、"D:\项目 3 练习\D"；在目录 A 下，新建"文本文档"，命名为"日记"。

（2）在"C:\Windows\Fonts"目录下选择"Times New Roman"字体文件，复制到建立的 B 目录中。

（3）将目录名"A"改成"文本"，"B"改成"字体"，"C"改成"图片"，"D"改成"音乐"。

（4）搜索文件扩展名为"s*.jpg"的图片文件、".mp3"的音乐文件，找出文件最小的图片和音乐文件，分别存入"图片"和"音乐"文件夹中。

任务 2　磁盘管理

1. 查看磁盘信息

可以在"计算机"中查看硬盘或移动设备等信息，也可以在"计算机"中右击选择"管理"命令，进入"计算机管理"对话框，选择"存储"下的"磁盘管理"选项，如图 4-11 所示。

2. 磁盘格式化

双击桌面"计算机"图标，选中磁盘或分区，右击鼠标，选择"格式化（A）"命令，弹出"格式化"对话框，如图 4-12 所示，可输入卷标，选择格式化选项，单击"开始"按钮进行格式化操作。

注意： 格式化磁盘操作会导致现有磁盘或分区中所有文件被清除，请谨慎使用。

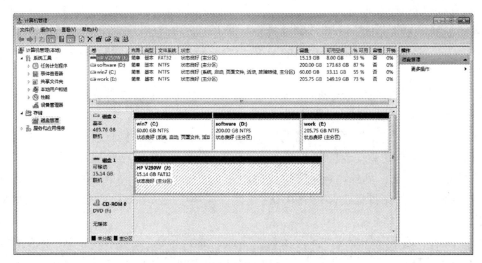

图 4-11   "计算机管理"对话框

图 4-12   "格式化"对话框

项目实战

按项目要求，先在 C 盘根下建立目录"Backup-D"，将 D 盘的文件全部复制到此目录下，再格式化 D 盘，并设置卷标"Data"，再将文件移动至 D 盘。

任务 3   常用工具

1. 画图程序

（1）认识画图程序。"画图"程序是 Windows 7 操作系统自带的绘图软件，它具备绘图的基本功能。利用它可以绘制简笔画、水彩画、插图或贺卡等，还可以在空白的画稿上作画，也可以修改其他已有的画稿。首先单击"开始"按钮，然后单击"所有程序"→"附件"→"画图"命令，打开画图程序，界面如图 4-13 所示。

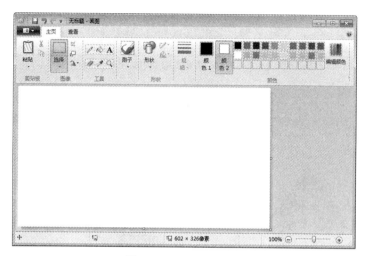

图 4-13 "画图"界面

（2）使用形状和工具画图。打开"画图"软件，单击"主页"选项卡下"形状"组的任一形状，如图 4-14 所示；在编辑区内拖动，画出相应形状。选定颜色，单击"形状"组的"填充"选项，给形状填充颜色。单击文本工具，可在图片上添加文字。

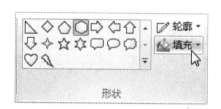

图 4-14 画图形状工具

（3）编辑图片。对图像进行处理的操作主要集中在"图像"组中，对于选定编辑对象，可进行的编辑如图 4-15 所示。

图 4-15 图片处理快捷菜单

（4）屏幕的复制和处理。利用 Print Screen 键，复制整个屏幕，若复制当前窗口，可使用 Alt + Print Screen 组合键，在新建画图文件中按 Ctrl + V 组合键，完成内容的复制，再利用画图处理。

项目实战

（1）新建附件中的"画图"文件，利用工具创作图画，如图 4-16 所示，然后保存在"D:\项目 3 练习\图片"目录下，文件名为"我的家乡"，扩展名为".jpg"。

图 4-16　我的家乡

（2）新建附件中的"画图"文件，利用 Print Screen 键复制桌面，在"画图"中粘贴，用选取工具选择"QQ"图标企鹅，复制"企鹅"，打开"我的家乡"，粘贴"企鹅"，移动到适当位置并保存。

2. 计算器

单击"开始"按钮，然后单击"所有程序"→"附件"→"计算器"命令，打开"标准型"基本计算器。单击"查看"菜单，可根据需要使用相应类型的计算器，如图 4-17 所示。

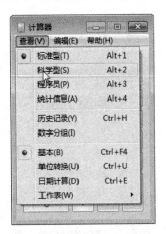

图 4-17　计算器查看设置界面

单击"查看"菜单下的"程序员"选项，选择"十进制"，屏幕输入 10，再单击"十六进制"，显示转换结果为"A"，如图 4-18 所示，此模式可实现不同进制数间的快速转换。

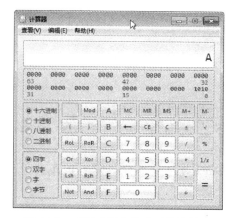

图 4-18　"程序员"模式下的计算器

3．记事本

记事本是一个基本的文本编辑程序，最常用于查看或编辑文本文件。记事本用于纯文本文档的编辑，功能相对写字板比较有限，但它使用方便、快捷，适于编写篇幅短小的文本文件，单击"所有程序"→"附件"→"记事本"命令，即可启动记事本，其界面如图 4-19 所示。

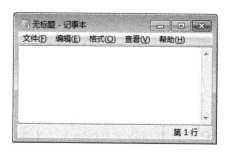

图 4-19　记事本界面

项目实战

（1）打开记事本程序，输入"计算题：$\sin 30^\circ = (\quad)$、$10 = (\quad)_{16} = (\quad)_{2}$"。

（2）用计算器计算上面题目的结果，并输入到括号中。

（3）以"计算题.txt"保存到"D:\项目 3 练习\文本"文件夹下。

综合实训 4

1．请按如下要求进行实训

（1）在 D 盘的根目录下创建"综合实训 4-1"文件夹，在此文件夹下创建"搜索"和"图片"文件夹。

（2）在资源管理器下打开 D 盘，按 Alt+Print Screen 组合键复制当前窗口。

（3）打开画图软件，粘贴上题拷屏结果，以"我的 D 盘.jpg"保存到"图片"文件夹下。

（4）设置文件夹选项为"显示所有文件，并且显示文件的扩展名"。

（5）搜索 C 盘中文件名包含"win"字符的文件，结果按文件由小到大排列，复制前两个文件到"搜索"文件夹下。

（6）在"搜索"文件夹下新建一个记事本文档，输入"搜索 C 盘中文件名中包含'win'字符且文件最小的两个文件"，保存为"搜索条件.txt"。

（7）新建库，命名为"我的练习"，将"综合实训 4-1"文件夹添加到库中。

2. 请按如下要求进行实训

（1）在 D 盘的根目录下创建"综合实训 4-2"文件夹，在此文件夹下再创建"多媒体"和"文字资料"文件夹。

（2）修改 D 盘卷标为"存档资料"。

（3）打开附件中"录音机"程序，单击"开始录音"按钮，按 Alt+PrintScreen 组合键复制当前窗口。

（4）打开画图软件，粘贴上题拷屏结果，以"正在录音.jpg"保存到"多媒体"文件夹下。

（5）在库中搜索 gif 格式的图片，在结果中选择最小的和最大的两个图片，复制并粘贴到"多媒体"文件夹下。

（6）在"文字资料"文件夹下新建一个记事本文档，输入"公司建立于 1980 年"，保存为"公司成立时间.txt"。

（7）新建库，命名为"我的练习"，将"综合实训 4-2"文件夹添加到库中。

3. 请按如下要求进行实训

（1）在 D 盘的根目录下创建"综合实训 4-3"文件夹，在此文件夹下再创建"计算机应用基础"文件夹。

（2）启用计算器，计算十进制数 10 转换成二进制的结果，按 Alt+PrintScreen 组合键复制当前窗口。

（3）打开画图软件，粘贴上题拷屏结果，以"进制转换.jpg"保存到"计算机应用基础"文件夹下。

（4）在"计算机应用基础"文件夹下新建"进制"文件夹，移动"进制转换.jpg"到"进制"文件夹。

（5）设置"进制转换.jpg"文件属性为"只读"。

（6）搜索计算机中一个月内创建的文件，从结果中复制最旧的文件到"计算机应用基础"文件夹中。

（7）新建库，命名为"我的练习"，将"综合实训 4-3"文件夹添加到库中。

4. 请按如下要求进行实训

（1）在 D 盘的根目录下创建"综合实训 4-4"文件夹，在此文件夹下新建"声音"和"美景"两个文件夹。

（2）设置在资源管理器窗口显示"预览窗格"。

（3）用画图软件绘制自己手机，命名为"我的手机"，保存至"综合实训 4-4"文件夹。

（4）搜索计算机中的声音文件（含*.wav,*.mid,*.mp3 等），复制一个声音文件到"声音"文件夹下。

（5）在"声音"文件夹下新建一个记事本文档，输入"通过本机搜索获取"，保存为"来源备注.txt"

（6）使用"计算器"计算距离 1200 千米、已使用燃料 80 升的每百公里油耗。

（7）新建库，命名为"我的练习"，将"综合实训 4-4"文件夹添加到库中。

5. 请按如下要求进行实训

（1）在 D 盘的根目录下创建"综合实训 4-5"文件夹，在此文件夹下新建"我的练习、"

"我的图片"和"我的搜索"三个文件夹。

（2）在"我的练习"文件夹下，创建名为"练习 1.txt"的空文本文件，查看"练习 1.txt"的属性，并设置该文件为只读文件。

（3）按搜索条件"docx 大小：中"查找 C 盘中的文件，将找到文件的前两个文档复制到"我的搜索"文件夹。

（4）打开画图软件，使用矩形和三角形组成一个房子的形状，填充颜色为"红色"，以"红房子.jpg"保存到"我的图片"文件夹。

（5）将"我的图片"文件夹移至"我的练习"文件夹下，并改名为"My Picture"。

（6）使用"计算器"计算采购价 30000、定金 10000、期限 10 年、利率 6%的按月付款。

（7）新建库，命名为"我的练习"，将"综合实训 4-5"文件夹添加到库中。

第 3 部分　文字处理软件 Word 2010

Office Word 2010 是"所见即所得"文字处理的工具软件，在现代办公应用中，经常利用 word 编辑环境，创建与编辑报告、信件、新闻稿、传真和表格等专业水准的文档。本部分通过 8 个企业实际应用项目，学习 Word 的编辑方法和技巧，同时掌握 Word 在企业办公中的一些典型应用。

项目 5　建立文档——学会制作企业简介

教学目标

（1）会启动 Word，认识 Word 界面。

（2）会建立和保存文档。

（3）掌握文字和符号的输入方法。

项目描述

Word 是文字处理软件，能提供良好的文字编辑环境，创建与编辑专业水准的文档。本项目是通过制作"公司简介"，学会文档的建立保存、文字符号的输入、文档编辑修改、查找替换等方法和技巧。项目完成后的效果如图 5-1 所示。

> 【公司简介】蓝盾信息安全技术股份有限公司，秉承『专业铸就安全、安全更有智慧』的理念，在信息安全领域主要从事：❶产品生产、❷系统集成、❸安全服务、❹技术培训……
> 🖂：广州市天河区科韵路 16 号，☎：020-85526663

图 5-1　项目样文

任务 1　认识软件

1. *启动 Word*

（1）单击"开始"→"所有程序"→"Microsoft Office"→"Word 2010"命令。

（2）双击桌面上的 Word 快捷图标。

（3）双击快速启动栏中的 Word 快捷图标。

（4）双击任意一个现有的 Word 文档。

2. *Word 工作界面*

打开 Word 文档，出现 Word 工作界面，如图 5-2 所示。

（1）快速访问工具栏：默认状态下包括"保存"、"撤消"、"恢复"按钮，放置最常用的按钮，单击右侧下拉按钮，用户可以根据需要添加和更改工具按钮。

（2）标题栏：显示当前应用程序名称和当前文档的名称。

（3）选项卡：单击功能区选项卡，即可打开该功能区的各个常用操作按钮。

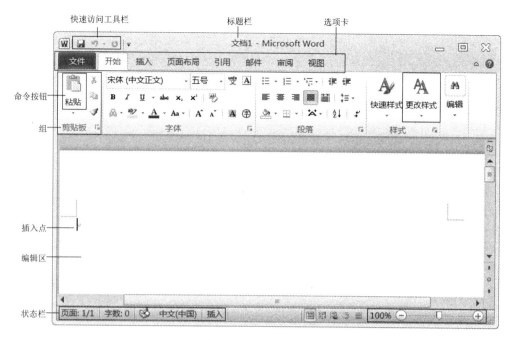

图 5-2 Word 工作界面

（4）组：选项卡中含多个功能区组，每一组由多个操作命令按钮构成。

（5）命令按钮：单击命令按钮，可以完成具体一个操作任务。

（6）编辑区：进行文本、图片等对象的输入、删除、修改等编辑操作。

（7）插入点：是一个闪烁的短竖线，用来指示当前编辑或输入内容的位置。

（8）状态栏：显示状态信息，如总页数、当前页码、字数、插入/改写方式等。

任务 2 建立保存

1. 新建文档

单击"文件"选项卡，再单击"新建"选项，双击"可用模板"区的"空白文档"按钮，即可创建一个空白文档，或按 Ctrl+N 组合键。也可以选择"可用模板"区或"Office.com 模板"区中的模板建立新的文档，如图 5-3 所示。

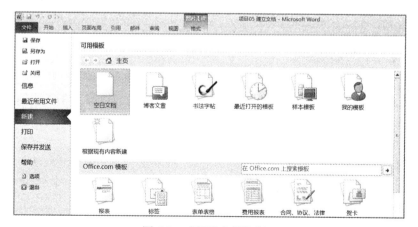

图 5-3 "新建文档"窗口

2. 保存文档

文档保存时，要选择文档保存的磁盘和文件夹，之后输入文件名，默认的扩展名为".docx"，如图 5-4 所示。文档第一次保存时，系统会弹出"另存为"对话框，输入文件名后，单击"保存"按钮。以后单击快速访问工具栏的"保存"按钮即可随时保存信息，在编辑的过程中应养成经常存盘的习惯，以防故障时丢失信息。

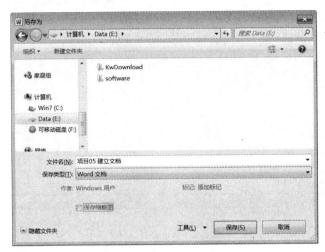

图 5-4   "另存为"对话框

3. 项目实战

（1）启动 Word，单击"文件"选项卡，再单击"新建"选项，双击"可用模板"区域中的"空白文档"按钮，创建一个新的空白文档。

（2）单击"文件"选项卡，再单击"另存为"选项，在"另存为"对话框中，选择文档保存的磁盘、文件夹，之后在"文件名"文本框中输入"公司简介"，单击"保存"按钮。

任务 3   输入符号

1. 输入文本

可以用键盘直接输入，也可以复制粘贴其他文件或位置中已经输入的文本，到每行最右侧时，会根据页面宽度自动换行，按 Enter 键，生成一个"硬回车"符，换行将形成新的段落。按 Shift+ Enter 组合键，生成一个"软回车"符，换行将不形成新的段落。

2. 输入特殊符号

（1）利用插入符号功能输入。单击"插入"选项卡，选择"符号"按钮下的"其他符号"选项，弹出如图 5-5 所示的"符号"对话框，在"符号"选项卡的"字体"下拉列表框中选择字体，如"普通文本"、"webdings"、"wingdings"、"wingding2"等；在"子集"下拉列表框中选择"广义标点"、"数学运算符"、"几何图形符"、"其他符号"等。单击选择需要的特殊符号，单击"插入"按钮。

（2）利用中文输入法提供的"软键盘"输入。打开任意一种中文输入法，在输入法状态条上单击"软键盘"，弹出的菜单如图 5-6 所示。选择一种符号，弹出"软键盘"，如图 5-7 所示，在软键盘中选择需要的符号并单击。

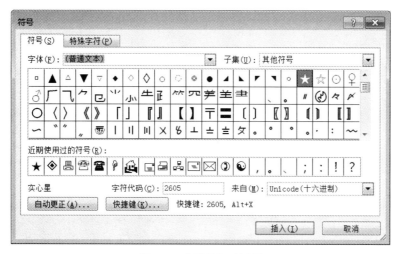

图 5-5　“符号”对话框

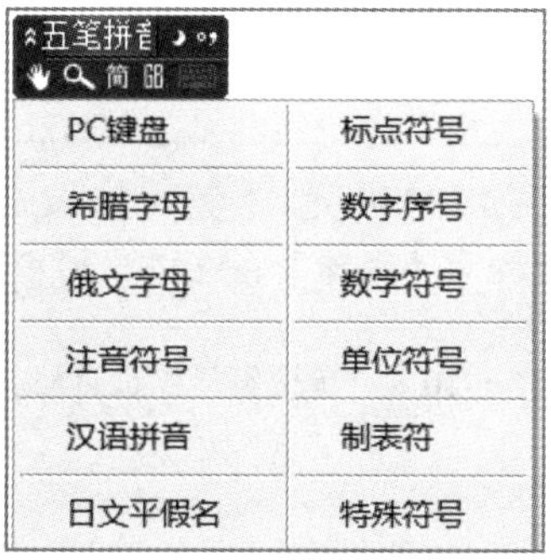

图 5-6　“软键盘”菜单

图 5-7　软键盘

项目实战

先用“软键盘”的方法输入特殊符号，无法输入的符号，单击“插入”选项卡，选择“符号”按钮下的“其他符号”选项，在“字体”下拉列表框中选择字体，如“webdings”、“wingdings”、“wingding2”等，单击“插入”按钮。项目完成后如图 5-8 所示。

【公司简介】蓝盾信息安全技术股份有限公司，秉承『专业铸就安全、安全更有智慧』的理念，在信息安全领域主要从事：❶产品生产、❷系统集成、❸安全服务、❹技术培训……
：广州市天河区科韵路 16 号，☎：020-85526663

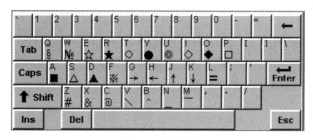

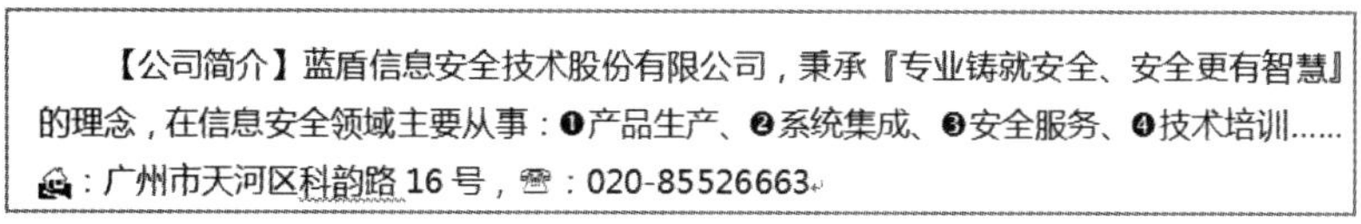

图 5-8　效果图

综合实训 5

1. 数学符号

项目要求

如图 5-9 所示，输入文字和符号。

项目样文

在三角形 ABC 中，∵ AB⊥BC，∴ ∠B=90°
有自然数 x，x∈(0,∞)，当 x±y≥0，且 x≤y，x=?

图 5-9　"数学符号"项目样文

2. 单位符号

项目要求

如图 5-10 所示，输入文字和符号。

项目样文

【人民币】￥123456 元，〖美元〗＄123456 元；
《角度》180°，『温度』60℃，「利息」20‰。

图 5-10　"单位符号"项目样文

3. 特殊符号

项目要求

如图 5-11 所示，输入文字和符号。

项目样文

Ⅰ　章节：§5.1，编号：№1；
Ⅱ　选择：☆有★无，○好●坏，◇高◆低，□大■小；
Ⅲ　变化：温度↑→加热←硬度↓。

图 5-11　"特殊符号"项目样文

4. 图形符号

项目要求

如图 5-12 所示，输入文字和符号。

项目样文

天气预报：小雨☂，雷电☀，多云☁。
通讯方式：网址✉，邮箱✉，电话☎。
方向指示：上☝，下☟，左☚，右☛。

图 5-12　"图形符号"项目样文

5. 常用符号

项目要求

如图 5-13 所示，输入文字和符号。

项目样文

★蓝盾信息安全技术股份有限公司★
【地址】：广州市天河区科韵路 16 号信息港 A 栋 20-21 楼
【总机】：020-85526663
【邮箱】：thwhzh@163.com
【网址】：http://www.bluedon.com

图 5-13　“常用符号”项目样文

项目 6　美化文档——学会制作企业文件

教学目标

（1）会对文字进行字体、字型、字号、颜色、效果、底纹、间距等设置。

（2）会对段落进行对齐方式、大纲级别、缩进方式、段落间距等设置。

（3）会对文字添加项目符号和编号。

（4）会对文字和段落进行样式、颜色、宽度的边框设置，填充颜色和样式的底纹设置。

项目描述

完成文字输入后，要对文档进行美化编辑，通过字体、段落、符号和编号、边框和底纹的设置，使文档整齐规范、美观大方、方便阅读。本项目通过制作“企业文件”，使学生学会文档美化的方法和技巧。项目完成后的效果如图 6-1 所示。

蓝盾信息安全技术股份有限公司年度权益分派实施公告

公司及董事会全体成员保证公告内容的真实、准确和完整，公司 2012 年年度权益分派方案经股东大会审议通过，现将权益分派事宜公告如下：

一、　**权益分派方案**

向全体股东每 10 股派 0.60 元人民币现金；同时，以资本公积金每 10 股转增 10 股。

二、　**股权登记日与除权除息日**

本次权益分派股权登记日为：2013 年 7 月 9 日，除权除息日为：2013 年 7 月 10。

三、　**权益分派对象**

本次分派对象为：截止 2013 年 7 月 9 日下午深圳证券交易所收市后，在中国证券登记结算有限责任公司深圳分公司登记在册的本公司全体股东。

四、　**备查文件**

✧ 公司 2012 年年度股东大会决议；

✧ 中国结算深圳分公司确认有关分红派息、转增股本具体时间安排的文件；

特此公告。

蓝盾信息安全技术股份有限公司

董 事 会

2013 年 7 月 3 日

证券代码：300297　　证券简称：蓝盾股份　　公告编号：2013-033

图 6-1　“企业文件”项目效果图

任务1　字体设置

1. 快捷工具命令设置

选择"开始"选项卡"字体"组中的各种字符格式工具按钮，如图6-2所示。

图6-2　"字体"组工具栏

2. "字体"对话框设置

也可以打开"字体"对话框对字体进行设置，单击"开始"→"字体"→"字体"对话框启动器，或右击鼠标，从快捷菜单中选择"字体"命令，弹出"字体"对话框，对字符进行格式设置，如图6-3所示。

图6-3　"字体"对话框

项目实战：

（1）第一段，字体为"黑体"，字号为"四号"，颜色为"红色"。

（2）其他字体为"宋体"，字号为"五号"，第三、五、七、九自然段字体"加粗"。

（3）最后一段字体为"楷体"，字号为"小五"。

任务2　段落设置

1. 快捷工具命令设置

在"开始"选项卡的"段落"组中，利用快捷工具命令按钮对文本的段落格式进行设置，如项目符号、编号、缩进、对齐方式、边框底纹等，各种段落格式工具按钮如图 6-4 所示。

图 6-4　"段落"组工具

2. "段落"对话框方式设置

也可以打开"段落"对话框对字体进行设置，单击"开始"→"段落"→"段落"对话框启动器，或者右击鼠标，从快捷菜单中选择"段落"命令，弹出"段落"对话框，进行段落设置，如图 6-5 所示。

图 6-5　"段落"对话框

项目实战

（1）第一段，对齐方式为"居中"，间距为"段前"0.5 行，"段后"0.5 行。

（2）其他段落，首行缩进 2 字符，段前 0.2 行，段后 0.2 行，行间距固定值 18 磅。

（3）最后落款的三个自然段前加空格，适当调整位置。

（4）最后一段文字适的当位置插入空格，"分散对齐"。

任务 3　符号编号

1. 项目符号

单击"段落"组"项目符号"按钮右边的下拉箭头，弹出如图 6-6 所示的"项目符号库"，选择所需的项目符号。如果"项目符号库"中没有所需符号，则单击"定义新项目符号"命令，在"定义新项目符号"对话框中设置新项目符号。

图 6-6　项目符号库

2. 项目编号

单击"段落"组"项目编号"按钮右边的下拉箭头，弹出编号列表，从"编号库"中选择所需样式。如果在已列出的"编号库"没有所需格式，单击"定义新编号格式"命令，弹出如图 6-7 所示的"定义新编号格式"对话框。以设置编号{1}、{2}、{3}为例，在"编号样式"列表框中选择所需的样式"1，2，3"，在"编号格式"文本框中输入所需的格式"{1}"，单击"确定"按钮。

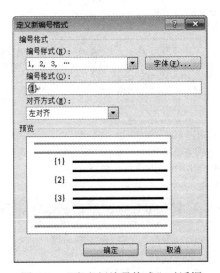

图 6-7　"定义新编号格式"对话框

项目实战

（1）第三、五、七、九自然段加编号"一、二、三……"。

（2）第十、十一自然段加项目符号"✧"。

任务 4　边框底纹

选取需设置边框和底纹的文本，单击"开始"选项卡"段落"组中"下框线"按钮旁的下拉箭头，从弹出的菜单中选择"边框和底纹"命令，弹出如图 6-8 所示的"边框和底纹"对话框。

图 6-8　"边框和底纹"对话框

1．边框设置

选择"边框"选项卡，在"设置"区域选择一种边框，在"样式"列表框中选择边框线型样式，在"颜色"下拉列表中选择边框颜色，在"宽度"下拉列表框中选择边框的磅数，在"应用于"下拉列表中选择"段落"或"文字"。

2．底纹设置

选择"底纹"选项卡，在"填充"区域选择底纹颜色，在"图案"区域选择底纹图案式样，在"颜色"区域选择底纹图案颜色。

项目实战

（1）第一段：下线框：样式为"双线"、颜色为"红色"、粗细为"0.75 磅"；

（2）最后一段：上线框：样式为"双线"、颜色为"红色"、粗细为"0.75 磅"；底纹为"深蓝"色，如图 6-9 所示。

图 6-9　"边框和底纹"设置效果

综合实训 6

1．课题申报指南

项目要求

打开"综合实训 6-1.docx"文件，项目完成后的效果如图 6-10 所示。

（1）标题字体设置。黑体，字号为小三，对齐为居中，颜色为深蓝；标题段落设置为段前段后各 1 行，单倍行距；边框设置为下边框，双线，深蓝，1.5 磅。

（2）正文字体设置：仿宋，小四号字，段落设置为首行缩进 2 字符，段前段后 0.2 行，段间距 18 磅。

（3）正文第二段、第六段设置。字体设置为黑体；段落设置为段前段后各 0.5 行；编号设置为“一、二、”。

（4）除第一段、编号段外，其他段落设置项目符号为“●”。

（5）正文后的空白自然段，上边框，双线，深蓝，1.5 磅。

项目样文

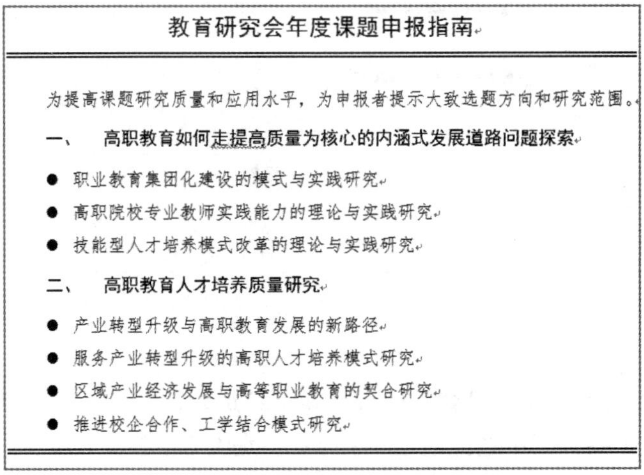

教育研究会年度课题申报指南

为提高课题研究质量和应用水平，为申报者提示大致选题方向和研究范围。

一、 高职教育如何走提高质量为核心的内涵式发展道路问题探索

- 职业教育集团化建设的模式与实践研究
- 高职院校专业教师实践能力的理论与实践研究
- 技能型人才培养模式改革的理论与实践研究

二、 高职教育人才培养质量研究

- 产业转型升级与高职教育发展的新路径
- 服务产业转型升级的高职人才培养模式研究
- 区域产业经济发展与高等职业教育的契合研究
- 推进校企合作、工学结合模式研究

图 6-10 “课题申报指南”项目样文

2. 读者回执

项目要求

打开“综合实训 6-2.docx”文件，项目完成后的效果如图 6-11 所示。

（1）字体设置。英文“MYcos”字体为“Eras Bold ITC”，字号为 20；其他文字字体为“微软细黑”，其中“麦可思文摘”字号为 20，“读者回执”字号为小初号、加粗，其他文字为小四号。

（2）段落设置。1.5 倍行距。

（3）底纹设置。“个人资料”、“读者调查”两段加底纹，填充颜色为“白色、背景 1、色深 25%”。

（4）下划线。按样文所示，在相应空格处加下划线。

（5）“麦可思”后加上标带圈 R 字。

项目样文

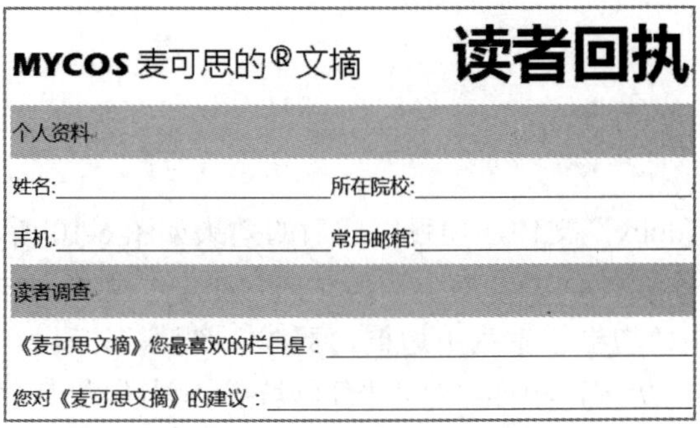

MYCOS 麦可思的®文摘 读者回执

个人资料

姓名:________________ 所在院校:________________

手机:________________ 常用邮箱:________________

读者调查

《麦可思文摘》您最喜欢的栏目是：________________

您对《麦可思文摘》的建议：________________

图 6-11 “读者回执”项目样文

3. 谈语言质量

项目要求

打开“综合实训 6-3.docx”文件，项目完成后的效果如图 6-12 所示。

（1）字体设置。标题字体为“华文行楷”，字号为三号，对齐方式为居中；奇数行文字为“微软细黑”，字号为五号；偶数行文字为“楷体”，字号为五号。

（2）段落设置。单倍行距。

（3）项目编号。奇数行按数字 1、2……编号。

（4）项目编号。偶数行按“✧”项目编号。

（5）底纹设置：所有段落加底纹，填充颜色为“蓝色、强调文字颜色 1、淡色 80%”；“语言要**”文字加红色底纹，字体为白色。

项目样文

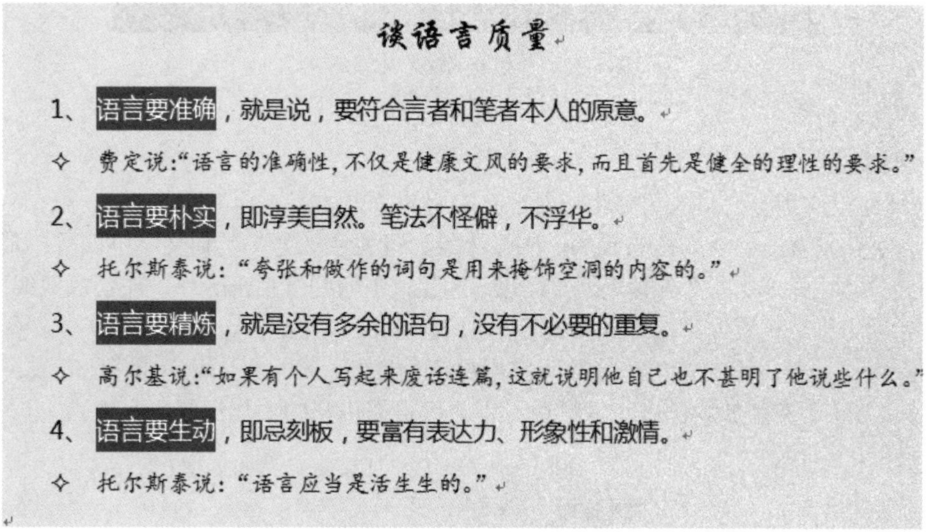

谈语言质量

1、语言要准确，就是说，要符合言者和笔者本人的原意。

✧ 费定说："语言的准确性，不仅是健康文风的要求，而且首先是健全的理性的要求。"

2、语言要朴实，即淳美自然。笔法不怪僻，不浮华。

✧ 托尔斯泰说："夸张和做作的词句是用来掩饰空洞的内容的。"

3、语言要精炼，就是没有多余的语句，没有不必要的重复。

✧ 高尔基说："如果有个人写起来废话连篇，这就说明他自己也不甚明了他说些什么。"

4、语言要生动，即忌刻板，要富有表达力、形象性和激情。

✧ 托尔斯泰说："语言应当是活生生的。"

图 6-12　“谈语言质量”项目样文

4. 解决方案

项目要求

打开“综合实训 6-4.docx”文件，项目完成后的效果如图 6-13 所示。

（1）字体设置。字体为微软雅黑；字号为第一行文字一号加粗，第二行文字四号字，其他文字小四号。

（2）段落设置。最后两行段前段后间距各 0.5 行。

（3）项目符号设置。第三行到第五行添加项目符号，实心圆，橙色。

（4）边框和底纹设置。全部段落设置底纹为深蓝色；倒数第一行，边框为方框，橙色，6 磅，底纹为橙色，应用于“文字”；倒数第二行，边框为方框，绿色，6 磅，底纹为绿色，应用于“文字”。

项目样文

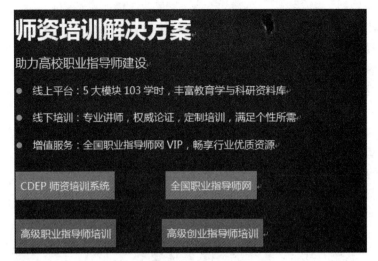

图 6-13　"解决方案"项目样文

5. 产品介绍

项目要求

打开"综合实训 6-5.docx"文件，项目完成后的效果如图 6-14 所示。

（1）字体设置。字体为微软雅黑；字号为第一行文字二号，其他文字小四号；最后一行"需求定位"绿色、倾斜，"量身定制"红色、加粗；中间四行后部分字，加紫色双线下划线。

（2）项目符号设置。第二行到第五行添加项目符号，实心圆，紫色。

（3）底纹设置。第一行"产品"两字为深蓝色底纹，"介绍"两字为黄色底纹；第二行到第五行的前 4 个文字加紫色底纹，最后一行"可根据用户的"加深蓝色底纹。

项目样文

图 6-14　"产品介绍"项目样文

项目 7　打印文档——学会制作企业传单

教学目标

（1）会页面设置，如文字方向、页边距、纸张方向、纸张大小等。

（2）会页面背景，如页面颜色、页面边框、水印等。

（3）会分栏设置，如分栏数、分隔线、栏宽、栏间距等。

（4）会打印设置，如打印份数、打印预览等。

项目描述

文档编辑完成后，先要对纸张大小和方向、页面边距和效果等进行设置，之后进行打印预览和设置，观察整体效果，满意后打印文档。本项目通过制作企业宣传单，学会文档页面设置、分栏设置、打印设置的方法和技巧。项目完成效果如图 7-1 所示。

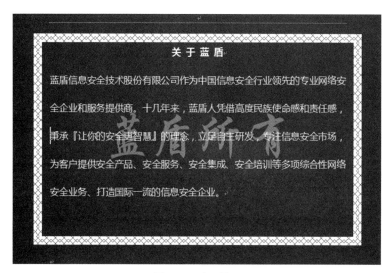

图 7-1　项目样文

任务 1　页面设置

单击"页面布局"选项卡，在"页面设置"组中有"文字方向"、"页边距"、"纸张方向"、"纸张大小"、"分栏"等命令按钮，如图 7-2 所示。

图 7-2　"页面设置"组

1．页边距设置

单击"页面布局"选项卡，在"页面设置"组中单击"页面设置"组右下侧启动按钮，打开"页面设置"对话框，如图 7-3 所示。在"页边距"选项卡中，在上、下、左、右、装订线的文本框内输入页边距和纸张方向等。

2．纸张设置

在"页面设置"对话框中选择"纸张"选项卡，可进行纸型、纸张来源的设置。在纸型设置中也可以选择"自定义大小"，在"宽度"和"高度"文本框中输入数值。

图 7-3　"页面设置"对话框

项目实战

打开"项目 7 源文件"。

（1）页面边距，上、下页边距为 1 厘米，左、右页边距为 1.5 厘米。

（2）纸张大小，自定义，宽 15 厘米，高 10 厘米。如图 7-4 所示为效果图。

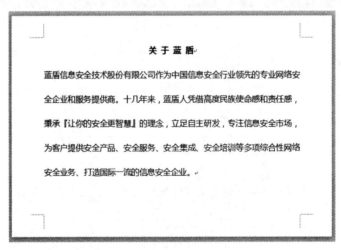

图 7-4　"边距和纸张设置"效果图

任务 2　页面背景

1. 页面颜色

依次单击"页面布局"选项卡，在"页面背景"组中单击"页面颜色"按钮的下拉箭头，从列表中选择一种"主题颜色"或者一种"标准颜色"设置成页面颜色。如图 7-5 所示。或者在下拉列表中选择"填充效果"，弹出"填充效果"对话框，在"渐变"、"纹理"、"图案"、"图片"选项卡中，为页面设置一种填充效果。

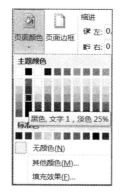

图 7-5　"边框颜色"下拉列表

2．页面边框

依次单击"页面布局"选项卡，"页面背景"组，"页面边框"按钮，弹出如图 7-6 所示的"边框和底纹"对话框。在"页面边框"选项卡中设置样式、颜色、宽度等。

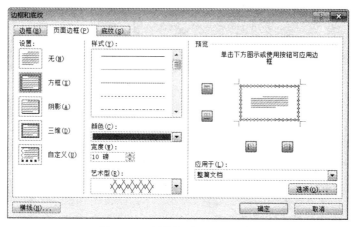

图 7-6　"边框和底纹"对话框

3．水印

依次单击"页面布局"选项卡，"页面背景"组，"水印"按钮的下拉箭头，从列表中选择"自定义水印"命令，弹出如图 7-7 所示的"水印"对话框。在"文字水印"区中设置文字、字体、字号、颜色、版式等。

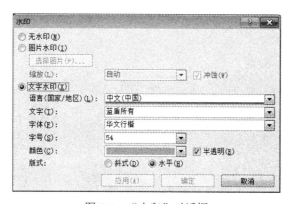

图 7-7　"水印"对话框

项目实战

（1）页面背景。颜色：标准色，深蓝。

（2）边框设置。设置区为方框；样式区：颜色为红色，艺术型为网（按图示）。

（3）水印设置。文字水印，文字为"蓝盾所有"，字体为"华文行楷"，字号为"54"，颜色："自动"、"半透明"，版式为"水平"。效果图如图 7-8 所示。

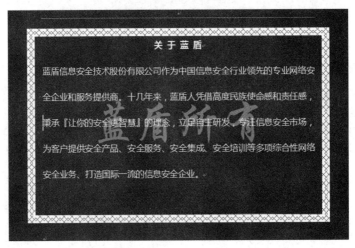

图 7-8   "页面背景"设置效果图

任务 3   分栏设置

为了便于阅读，可以将文档分成两栏或更多栏，用户可以设置分栏的栏数、栏宽、栏间距、分隔线等。选取需要进行分栏的文本，单击"页面布局"选项卡，在"页面设置"组中单击"分栏"按钮的下拉箭头，从列表中选择一种分栏现有的样式，或者单击"更多分栏"命令，弹出如图 7-9 所示的"分栏"对话框。在"预设"区中选取合适的分栏样式或在"栏数"中输入分栏数，在"宽度和间距"区域中设置"宽度"和"间距"，勾选"分隔线"复选框。如果各栏的栏宽不相等，则去掉勾选"栏宽相等"复选框，再在"宽度"和"间距"文本框中自定义各栏的宽度和间距。

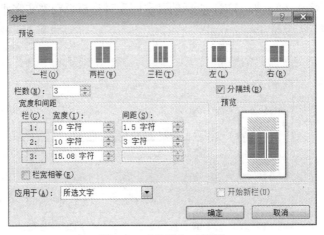

图 7-9   "分栏"对话框

项目实战

选取标题以外的文字，分三栏，有分隔线，栏宽相等，间距两个字符。"分栏"设置效果图如图 7-10 所示。

图 7-10　"分栏"设置效果图

任务 4　打印设置

选择"文件"→"打印"命令，如图 7-11 所示，左侧进行打印设置，右侧进行打印效果预览，下方调节显示比例和预览的页码。打印设置主要是设置打印机类型、打印份数、页码范围、单双面打印、打印顺序、纵向横向打印、页面大小、页面边距、每页的版数等。

图 7-11　打印设置

项目实战

调整预览比例为 100%，预览打印效果。

综合实训 7

1．杂志封面

项目要求

（1）打开"综合实训 7-1"文件，项目完成后如图 7-12 所示。

（2）自定义纸张：大小为宽 18 厘米，高 15 厘米；页面边距为上下 1 厘米，左右 2 厘米。

（3）页面颜色：选择"填充效果"对话框"纹理"选项卡列表中的第一行第二列效果。

（4）页面边框：样式为单线；颜色为橄榄色、深色 50%；粗细为 6 磅。

（5）分栏：正文部分分三栏，第一栏 8 个字符，第二栏 12 字符，栏间距 2 字符。

项目样文

图 7-12　"杂志封面"项目样文

2．书籍封面

项目要求

（1）打开"综合实训 7-2"文件，项目完成后如图 7-13 所示。

（2）自定义纸张：A4。

（3）页面颜色：橙色。

（4）右上部文字：微软雅黑、五号；第一行文字为黑色，重点强调文字，四号、倾斜、加粗；第二行文字为深红色，重点强调文字，四号、加粗；第三行文字为黑色，重点强调文字，四号、下划线；第三段文字为右对齐，加深红色、三线型、上方右侧边框。

（5）"通讯"两字为黑色、华文琥珀、初号；"元素"两字为深红色、黑体、一号；

"Communication element"为蓝色、"Script MT bold"字体、小初号，第二段文字为左对齐，加深红色、三线型、下方左侧边框。

（6）正文部分文字，悬挂缩进两个字符，固定行距 20 磅；分两栏，等栏距，18 个字符；加深红色、双波浪线型、带阴影边框。

项目样文

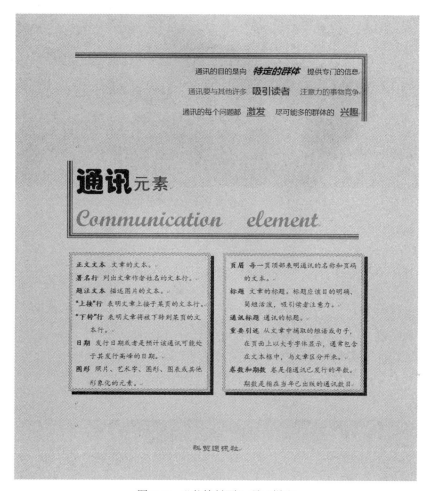

图 7-13　"书籍封面"项目样文

3．诗词卡片

项目要求

（1）打开"综合实训 7-3"文件，项目完成后如图 7-14 所示。

（2）自定义纸张：大小为宽 19 厘米，高 10 厘米；页面边距为上下左右 1.2 厘米。

（3）页面颜色：在"填充效果"对话框的"渐变"选项卡中选择"双色"，颜色 1 为黑色，颜色 2 为深红色，"水平"样式，上黑下红。

（4）文字方向垂直。

（5）文字华文行楷，"沁园春"为二号字，"毛泽东一九五二年"为小四号字，其他小三号字。

（6）标题段，段前和段后各 1 行。

项目样文

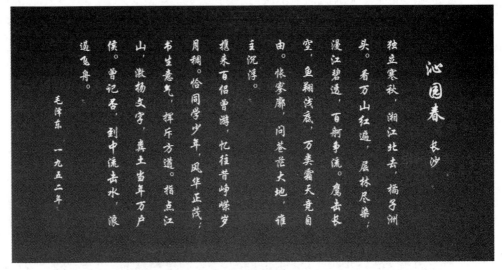

图 7-14　"诗词卡片"项目样文

4．邀请函

项目要求

（1）打开"综合实训 7-4"文件，项目完成后如图 7-15 所示。

（2）纸张大小。自定义，宽 15 厘米，高 10 厘米。

（3）页面边距。上下左右各 1 厘米。

（4）页面颜色。填充效果，预设颜色，铜黄色，底纹样式水平。

（5）页面边框。艺术型为红色果实；宽度为 15 磅。

（6）字体设置。字体为华文新魏，字号为"邀请函"小一号，其他小四号。

项目样文

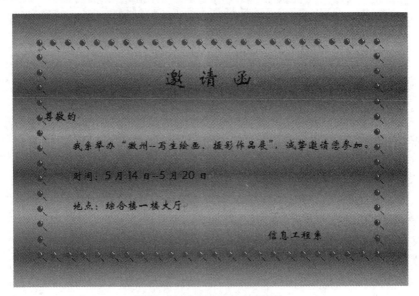

图 7-15　"邀请函"项目样文

5. 信封

项目要求

（1）打开"综合实训 7-5"文件，项目完成后如图 7-16 所示。

（2）纸张大小。信封 Monarch。

（3）页面边距。上下左右各 1 厘米。

（4）页面颜色。填充效果，纹理，信纸。

（5）插入特殊字符。插入"□"符号，二号字，红色。

（6）字体设置。字体为宋体；颜色为蓝色；字号为"广东科贸职业学院"二号字，"校区……"五号字，"邮政……"四号字。

（7）字符间距。调整"广东科贸职业学院"字体宽度为 9.5 个字符。

项目样文

图 7-16　"信封"项目样文

项目 8　表格文档——学会制作员工档案

教学目标

（1）掌握插入、绘制等表格创建方法。

（2）掌握表格选定、行列与宽度、插入与删除、合并与拆分等表格编辑方法。

（3）掌握对齐方式、表格样式、边框与底纹等表格美化方法。

项目描述

表格是由行和列构成的单元格组成的，通常用来组织和显示信息，使信息能按性质或分类整齐规范地展现出来，又方便信息的阅读、统计、存储、检索等，是工作中常用的一种文档形式。本项目是通过制作"员工档案表"，使学生学会表格文档的制作、修改、美化、数据处理等方法和技巧。项目完成效果如图 8-1 所示。

任务 1　创建表格

选择"插入"选项卡的"表格"组，如图 8-2 所示。单击"表格"下拉列表，有插入表格、绘制表格、文本转换表格、Excel 电子表格、快速表格等多种创建表格的方法。下面介绍三种常用表格的创建方法，都可以完成本项目的表格创建。

员 工 档 案 表

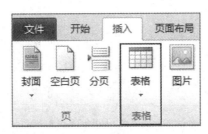

	姓　名		档案编号		档案编号			
基本情况	性　别		民　族		民　族		政治面貌	
	出生日期		体　重		体　重		婚姻状况	
	身份证号				学历学位			
	联系电话				电子邮箱			
入职情况	所属部门				担任职务			
	入职时间				工资等级			
	合同编号				合同期限			
	档案资料							

图 8-1　项目样文

图 8-2　"表格"组

1. 自动表格

在"插入"选项卡的"表格"组中，单击"表格"，然后在"插入表格"下拖动鼠标选择表格的行数和列数创建表格。如图 8-3 所示。

2. 插入表格

在"插入"选项卡上的"表格"组中单击"表格"→"插入表格"命令。在"插入表格"对话框的"表格尺寸"下输入列数和行数，创建表格，如图 8-4 所示。

图 8-3　"自动插入表格"列表

图 8-4　"插入表格"对话框

3. 手绘表格

在"插入"选项卡的"表格"组中单击"表格"→"绘制表格"命令。指针会变为铅笔状，按鼠标左键并拖动绘制一个矩形，即为表格的外边界，然后在该矩形内绘制列线和行线。在"表格工具"的"设计"选项卡的"绘图边框"组中，单击"笔样式"、"笔粗细"、"笔颜色"下拉列表，可以设置表格绘制笔的样式、粗细、颜色，单击"擦除"按钮，橡皮工具可以擦除一条线或多条线，如图 8-5 所示。

图 8-5　"绘图边框"

项目实战

按项目要求，用上述方法中的一种创建一个 9 行 9 列的表格，如图 8-6 所示。

图 8-6　9 行 9 列表格

任务 2　编辑表格

单击"表格工具"的"布局"选项卡，可以对表格进行各种调整，如图 8-7 所示。

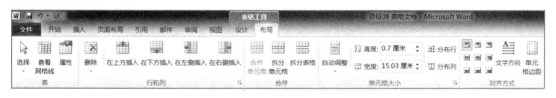

图 8-7　"表格工具布局"选项卡

1. 选定表格

单元格：鼠标移到单元格左侧，指针变成黑色实心箭头时，单击即可选定该单元格。行：鼠标移到行左侧的文档选定栏时，指针形状会变成向右上方空心箭头，单击即可选定该行。列：鼠标移至列的上边界，鼠标指针变为向下黑色实心箭头时，单击可选定该列。表格：鼠标移至表格左上角的"移动控点"，指针形状变成十字箭头时，单击可以选定整个表格。也可以用"表格工具"→"布局"→"表"→"选择"列表进行选定表格，如图 8-8 所示。

2. 行高与列宽

将鼠标移至列或行的分隔线上，当指针形状变成双向箭头时，按下鼠标左键并拖动可以粗略调整行高或列宽。选择需调整的行或列，选择"布局"选项卡，在"单元格大小"组中的"高度"或"宽

图 8-8　"选择"列表

度"文本框中输入具体数值，精确调整行高与列宽，如图 8-9 所示。也可以右击，选择"表格属性"命令，打开"表格属性"对话框，选择"行"或"列"选项卡，在"指定高度"或"指定宽度"输入框中输入行或列的尺寸，单击"确定"按钮完成设置，如图 8-10 所示。

图 8-9   "单元格大小"组

图 8-10   "表格属性"对话框

项目实战

选定第 1 行，设定行高 0.9 厘米；选定其他行，设定行高 0.6 厘米。设置第 1 列，列宽 1.1 厘米；选定其他列，设定列宽 1.7 厘米。如图 8-11 所示。

图 8-11   设置行高和列宽

3. 合并与拆分

选定需要合并或拆分的若干单元格，选择"布局"选项卡，在"合并"组中单击"合并单元格"或"拆分单元格"按钮。"合并"组工具如图 8-12 所示。或者右击鼠标，从快捷菜单中选择"合并单元格"或"拆分单元格"命令。在弹出的对话框中设定拆分的行数和列数。

图 8-12　"合并"组

项目实战

按项目要求合并相应行和列，如图 8-13 所示。

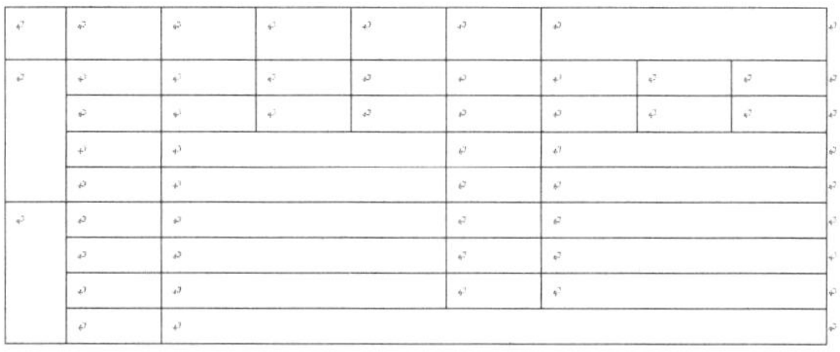

图 8-13　合并与拆分

4. 插入与删除

选择插入点，选择"布局"选项卡，在"行和列"组中单击"从上方插入"、"从下方插入"、"从左侧插入"、"从右侧插入"四种方式中的一种按钮。选择需删除的行或列，单击"布局"选项卡"行和列"组中的"删除"按钮，从快捷菜单中选择"删除行"或"删除列"命令，如图 8-14 所示。

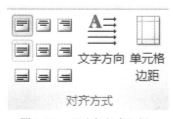

图 8-14　"行和列"组中插入删除

任务 3　美化表格

1. 对齐方式

选择单元格，选择"布局"选项卡，在"对齐方式"组中单击一种对齐方式，包括水平对齐方式（两端对齐、居中、右对齐）和垂直对齐方式（靠上、中部、靠下）九种组合。表格中文本的对齐方式如图 8-15 所示。

图 8-15　"对齐方式"组

项目实战

选择整个表格，设置各单元格水平居中，垂直居中，如图 8-16 所示。

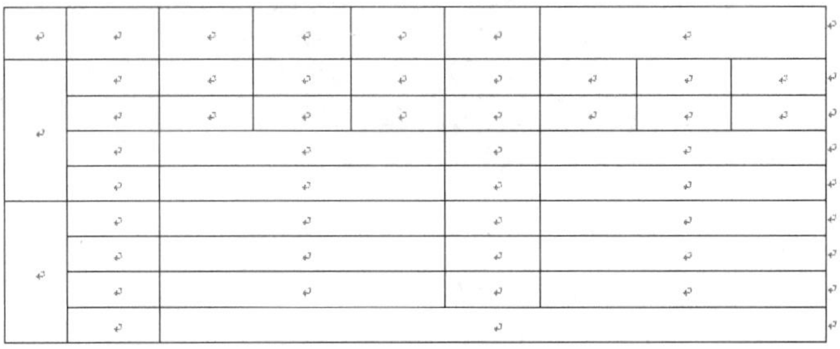

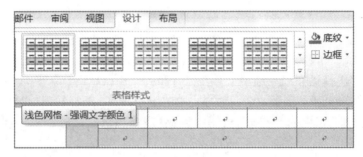

图 8-16　设置对齐方式

2. 表格样式

单击表格内的任意一个单元格，选择"设计"选项卡，在"表格样式"组中单击选择一种表格样式，即应用了该样式，如图 8-17 所示。

图 8-17　"表格样式"

项目实战

选择表格样式为"浅色网格－强调文字颜色 1"，如图 8-18 所示。

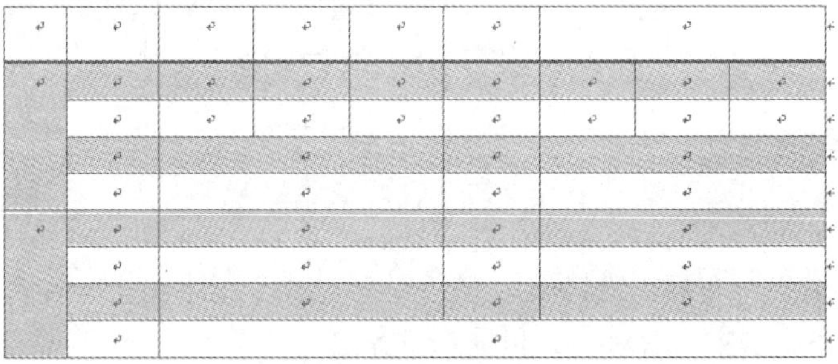

图 8-18　设置表格样式

3. 表格边框

选择需要设置边框的单元格，选择表格工具"设计"选项卡，单击"表格样式"组中的"边框"按钮下拉列表，从列表中选择"边框和底纹"选项，弹出如图 8-19 所示的"边框和底纹"对话框，选择"边框"选项卡，在"设置"区选择一种边框样式，如方框、全部、虚框、自定义，选取需要的线型、边框颜色和宽度，在"预览"区中单击去掉或增加应用的框线，单击"确定"按钮。

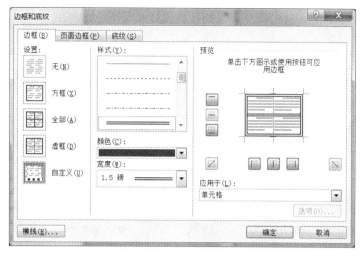

图 8-19 “边框和底纹”对话框

项目实战

设置外边框、第 1 行下框线、第 5 行下框线、第 1 列右框线，“样式”为双线、“颜色”为蓝色、“宽度”为 1.5 磅，如图 8-20 所示。

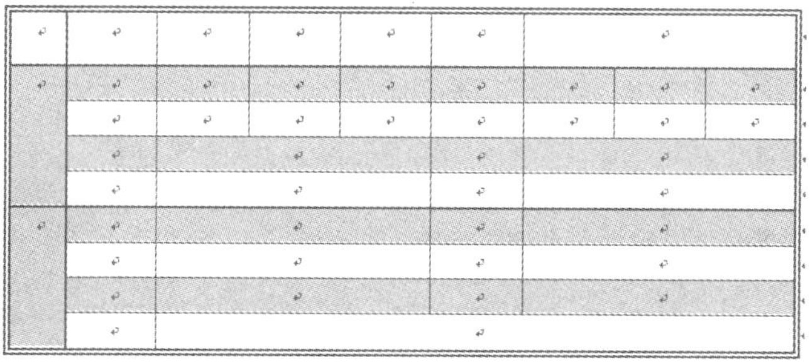

图 8-20 设置边框

4. 表格底纹

选择需设置底纹的单元格并右击，选择“边框和底纹”命令，在“边框和底纹”对话框中选择“底纹”选项卡，从中选择填充颜色或图案式样、颜色等，单击“确定”按钮。

项目实战

第一行和第一列底纹颜色为深蓝；输入项目要求文字，第一行和第一列文字为宋体、5 号、加粗、白色，其他文字为宋体、5 号、黑色，如图 8-21 所示。

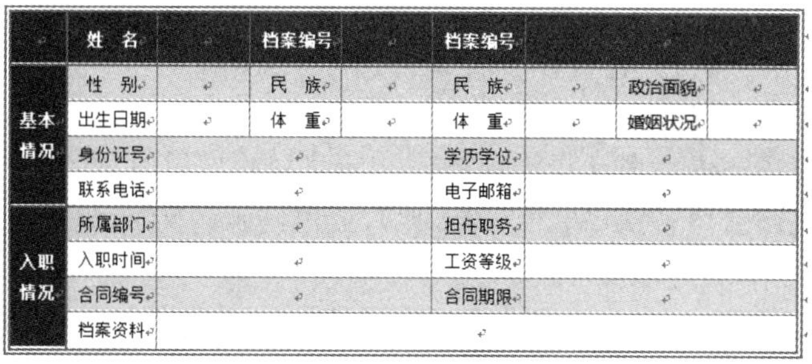

	姓 名		档案编号		档案编号			
基本情况	性 别		民 族		民 族		政治面貌	
	出生日期		体 重		体 重		婚姻状况	
	身份证号				学历学位			
	联系电话				电子邮箱			
入职情况	所属部门				担任职务			
	入职时间				工资等级			
	合同编号				合同期限			
	档案资料							

图 8-21 设置底纹

综合实训 8

1. 职员业绩考评表

项目要求

（1）插入表格：11 行，6 列。

（2）调整行高和列宽：第一行和最后一行，行高 0.7 厘米；其他行，行高 0.5 厘米；列宽 2.3 厘米。

（3）合并单元格：按样文，合并相关单元格。

（4）表格样式：在“表格样式选项”组中选择“标题行”、“汇总行”，在“表格样式”组中选择“中等深浅网格 3，强调文字颜色 1”。

（5）边框：第三行下线框为双线，0.5 磅，蓝色，强调文字颜色 1。

（6）文字：第一行和最后一行文字为宋体、五号、加粗、白色；其他文字为宋体，小五号，黑色。

（7）对齐：所有单元格水平垂直居中。

（8）项目完成后如图 8-22 所示。

项目样文

职员信息					
姓　名			部　门		
职　位			考核年度		
评分级别	(1) = 差	(2) = 一般	(3) = 好	(4) = 优秀	(5) = 杰出
业务能力	□	□	□	□	□
工作质量	□	□	□	□	□
出勤情况	□	□	□	□	□
工作积极性	□	□	□	□	□
交流合作	□	□	□	□	□
可靠性	□	□	□	□	□
考核等级					

图 8-22　“职员业绩考评表”项目样文

2. 工作日历

项目要求

（1）外表格：先插入 2 行 2 列表格，设置“单元格边距”上下左右各 0.2 厘米。

（2）内表格：第一列中插入 7 行 7 列“月份”表格，在第二列中插入 7 行 2 列“便笺”表格。

（3）合并：表格“月份”行合并，表格“便笺”行合并。

（4）样式：“月份表格”中等深浅网格 3，强调文字颜色 1。

（5）边框：最外层表格，外边框为单线，1.5 磅，蓝色，强调文字颜色 1，内边框为白色；“便笺”表格的有线部分，设置成单线，0.5 磅，蓝色，强调文字颜色 1，无线部分设置成为白色。

（6）文字：输入相应文字，五号，水平垂直居中，周六、周日对应的日期设置成红色。

（7）项目完成后如图 8-23 所示。

项目样文

一月份							便　笺	
一	二	三	四	五	六	日		
			1	2	3	4		
5	6	7	8	9	10	11		
12	13	14	15	16	17	18		
19	20	21	22	23	24	25		
26	27	28	29	30	31			

图 8-23　"工作日历"项目样文

3．学友捐赠卡

项目要求

（1）插入表格：7 行 4 列。

（2）行高：第 1 行高度 1.2 厘米，其他行高度 0.7 厘米。

（3）列宽：第 1 列和第 4 列宽度 1 厘米，第 2 列宽度 2.5 厘米，第 3 列宽度 10 厘米。

（4）底纹：蓝色，强调文字颜色 1，淡色 80%。

（5）边框：按样文设置，可以看见的线颜色为紫色；不能看见的线为紫色，强调文字颜色 4，淡色 80%。

（6）第 1 行合并，文字设置为宋体，四号，加粗，倾斜，紫色；其他文字设置为宋体，五号，紫色。

（7）项目完成后如图 8-24 所示。

项目样文

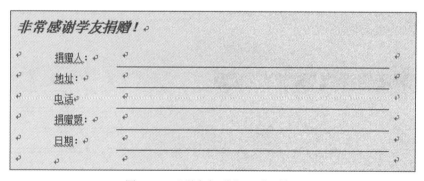

图 8-24　"学友捐赠卡"项目样文

4．产品出货单

项目要求

（1）插入表格：10 行 10 列。

（2）列宽：第 1 列和第 4 列宽度 2 厘米，其他列宽度 1.5 厘米。

（3）合并：按样文样式，合并相关单元格。

（4）边框：按样文设置。

（5）文字：标题文字设置为黑体，四号；其他文字设置为宋体，五号。

（6）项目完成后如图 8-25 所示。

项目样文

出货单（存根）

提货人		
物品名称	单位	数量
签名 日期：		

出货单

提货人			单号	
物品名称	单位	数量	备注	
公章		签名 日期：		

图 8-25 “产品出货单”项目样文

5. 产品性能表

项目要求

（1）插入表格：6 行 5 列。

（2）行高：第 1 行高度 1 厘米，其他行高度 0.4 厘米。

（3）列宽：第 1 列宽度 1.2 厘米，第 2 列宽度 2.6 厘米，其他列宽度 3.7 厘米。

（4）合并：按样文样式，合并相关单元格。

（5）表格属性：在表格选项中，设置允许调整单元格间距为 0.1 厘米。

（6）边框：整个表格无外边框，内边框为深蓝色，第 1 行后 2 列无边框。

（7）底纹：第 1 行前 3 列底纹为深蓝色，后 2 列无填充色。

（8）文字：标题文字设置为黑体，四号，白色；其他文字设置为宋体，五号。

（9）项目完成后如图 8-26 所示。

项目样文

产品型号		产品性能		
BT	0923-12			

图 8-26 “产品性能表”项目样文

项目 9 图形文档——学会制作企业简报

教学目标

（1）掌握图形编辑方法。

（2）掌握图片和剪贴画编辑方法。

（3）掌握 SmartArt 图形编辑方法。

项目描述

在文档中利用插入图片、绘制图形等方式，进行图文混合编辑，使文档图文并茂，增强文档的排版效果。下面结合"企业简报"的制作，学习图片、图形的编辑方法和技巧。项目完成的效果如图 9-1 所示。

图 9-1　"企业简报"效果图

任务 1　绘图编辑

1．绘制图形

（1）单击"插入"选项卡，在"插图"组中单击"形状"按钮，弹出各种自选图形，如图 9-2 所示。用户根据需要选择合适的图形，在插入点拖动，可以绘制各种形状。

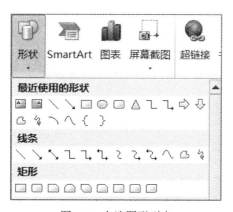

图 9-2　自选图形列表

（2）添加文字。右击图形，从快捷菜单中选择"添加文字"命令，鼠标定位于图形内部就可以输入文字了。

2．编辑图形

（1）对图形进行编辑，单击"绘图工具格式"选项卡，如图 9-3 所示。

图 9-3　"图形工具格式"选项卡

（2）插入和编辑形状。在"插入形状"组中单击"编辑形状"按钮，通过控制点拖动编辑形状。

（3）形状样式。可以选择已经有的样式，也可以利用"格式"选项卡上"形状样式"组中的"形状填充"、"形状轮廓"、"形状效果"按钮自己进行设计。

（4）层叠图形。要改变多个图形的层叠次序，单击"格式"选项卡，在"排列"组中单击"上移一层"按钮或"下移一层"按钮。或右击，从快捷菜单中选择"置于顶层"、"置于底层"命令。

（5）组合图形。按住 Shift 键的同时单击多个图形，单击"排列"组中的"组合"按钮，或者右击，从弹出的快捷菜单中选择"组合"菜单命令，也可以将组合图形取消组合。

（6）调整大小。利用"格式"选项卡上"大小"组中的"高度"和"宽度"按钮自己精确调整形状大小。

项目实战

（1）制作外边框。插入矩形，高 9 厘米，宽 14.5 厘米，无填充色，边框颜色为紫色，粗细为 1 磅。

（2）制作文字编辑区。插入圆角矩形，高度 3.5 厘米，宽度 6.5 厘米，填充蓝色、色淡 80%，边框颜色为蓝色、粗细 0.25 磅；在圆角矩形内插入第一条直线，线形为点线，颜色为蓝色，粗细为 0.25 磅。按住 Ctrl 键，单击第一条线，向下拖动，复制出第二条线，直到画出第五条线。同理制作左下侧文字编辑区，大小 3.5×8 厘米，颜色为绿色调，参考右上区的制作方法。

（3）制作标题。右上标题：插入红色矩形框，适当调整大小位置，在红色标题框内插入四个白色矩形，适当调整大小位置；左下标题：四个淡绿色"同心圆"，适当调整大小位置。绘图编辑效果图如图 9-4 所示。

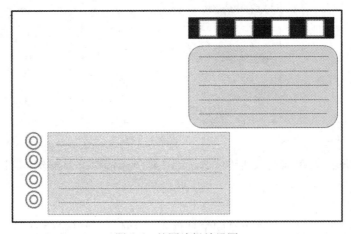

图 9-4　绘图编辑效果图

任务 2　图片编辑

1. 插入图片

（1）单击"插入"选项卡，在"插图"组中，可以在编辑的文档中插入图片、剪贴画、形状、SmartArt 图形、图表、屏幕截图等，如图 9-5 所示。

图 9-5　"插图"组

（2）插入图片。插入来自另一文件的图片，把光标移至需插入图片的位置，单击"插入"选项卡，在"插图"组中单击"图片"按钮，弹出对话框。在"插入图片"对话框中找到要插入图片的位置和文件名，选取文件后单击"插入"按钮，或直接双击该图片文件的图标完成插入。

项目实战

插入"项目 09 资源文件"文件夹中的"jj.gif"的文件，如图 9-6 所示。

图 9-6　"插入图片"对话框

（3）插入剪贴画。Word 在自带的剪贴库中提供了大量的剪贴画，单击"插入"选项卡，在"插图"组中单击"剪贴画"按钮，窗口的右侧打开"剪贴画"任务窗格，单击"结果类型"下拉按钮，将需要搜索的类型打勾，在"搜索文字"文本框中输入描述所需剪贴画的完整或部分文件名。单击"搜索"按钮，系统会自动搜索该类型下的剪贴画。搜索完毕后，在"结果"区会出现各式剪贴画，单击选中需要的剪贴画插入。

图 9-7　插入"剪贴画"

项目实战

插入如图 9-7 所示的剪贴画。

2. 编辑图片

（1）对图片进行编辑，单击"图片工具格式"选项卡，如图 9-8 所示。

图 9-8   "图片工具格式"选项卡

（2）改变图片的大小。单击需修改的图片，图片的周围会出现 8 个控点。将鼠标移至控点上，当指针形状变成双向箭头时，拖动鼠标来改变图片的大小。精确调整大小：在"格式"选项卡"大小"组中，直接输入图片高度和宽度。或者右击需要修改的图片，从弹出的快捷菜单中选择"大小和位置"命令，弹出"布局"对话框，单击"大小"选项卡，在"缩放"区域的"高度"和"宽度"文本框中输入各自的缩放百分比，调整图片大小。

（3）设置版式。版式是指图片与周围文字的环绕方式。在"布局"对话框中单击"文字环绕"选项卡，在"环绕方式"区中选择所需要的版式。右击需设置的图片，从快捷菜单中选择"自动换行"命令。从级联菜单中选择所需环绕方式。第三种方法是选择图片后，单击"格式"选项卡，在"排列"组中单击"自动换行"按钮，从列表中选择一种环绕方式。

（4）设置图片边框。单击"格式"选项卡，在"图片样式"组中单击"图片边框"按钮，可以设置图片边框的粗细、颜色、轮廓效果。

（5）设置图片效果。单击"格式"选项卡，在"图片样式"组中单击"图片效果"按钮，可以设置图片的发光、阴影、映像、三维旋转等效果。

（6）图片的裁剪。单击需裁剪的图片，图片周围会出现 8 个控点。单击"格式"选项卡，在"大小"组中单击"裁剪"按钮，将鼠标移至某个控点上。按住鼠标左键向图片内部拖动，可以裁剪掉部分区域。单击"裁剪"下拉按钮，从菜单中选择"裁减为形状"命令，在弹出的各种形状中选择一种，即可将当前图片裁剪为各种形状效果。

（7）图片的颜色改变。右击图片，从快捷菜单中选择"设置图片格式"命令，在弹出的"设置图片格式"对话框中可以对图片各种效果进行更改。

项目实战

双击图片，设置图片大小为 3×2.85 厘米，并调整到合适的位置；双击剪贴画，设置大小为 3.6×2.83 厘米，并调整到合适的位置，如图 9-9 所示。

图 9-9   图片编辑效果图

任务 3　SmartArt

1．插入 SmartArt 图形

单击"插入"选项卡，在"插图"组中单击"SmartArt"按钮。弹出"选择 SmartArt 图形"对话框，系统会提示您选择一种类型，如"流程"、"层次结构"或"关系"。类型类似于 SmartArt 图形的类别，并且每种类型包含几种不同布局，选择其中一种类型和一种布局，完成创建一个 SmartArt 图形，如图 9-10 所示。

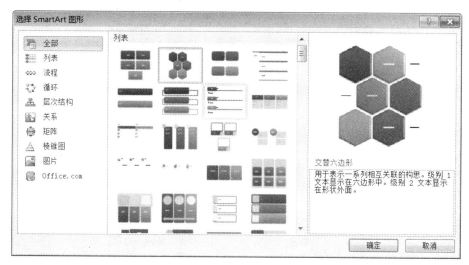

图 9-10　"选择 SmartArt 图形"对话框

2．SmartArt 图形设计

单击"SmartArt 工具"下的"设计"选项卡，如图 9-11 所示，在"创建图形"组中，进行"添加形状"、"升级"、"上移"等设置，增加图形数量和位置；在"布局"组中可以更改 SmartArt 图形的类型和布局；在"SmartArt 样式"组中，可以用"更改颜色"、"SmartArt 样式"等快速更改外观。

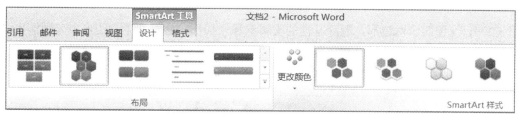

图 9-11　"设计"选项卡

3．SmartArt 图形格式

单击"SmartArt 工具"下的"格式"选项卡，如图 9-12 所示，可以改变形状、大小和样式，也可以自己设计形状的填充、轮廓、效果等。

4．节点添加文字

直接单击节点即可添加文字，也可以打开"文本窗格"，在"文本窗格"中添加文字，如图 9-13 所示。

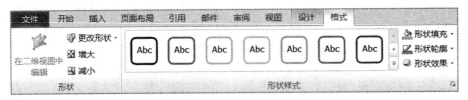

图 9-12 "格式"选项卡

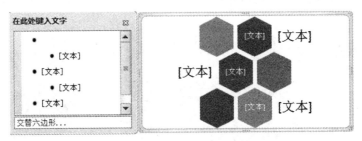

图 9-13 节点添加文字

项目实战

（1）插入"交替六边形"，单击"更改颜色"下拉列表，选择"彩色－强调文字颜色"选项，如图 9-14 所示。

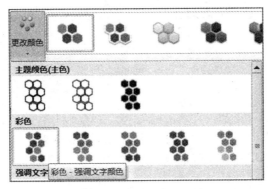

图 9-14 "更改颜色"列表

（2）只保留四个六边形，删除其他的文本框和六边形，并在四个六边形中分别输入"蓝盾快讯"四个字，字体为"华文琥珀"，字号为 20，颜色为白色。右击 SmartArt 图形，选择"自动换行"、"衬于文字上方"命令，适当调整大小和位置，效果如图 9-15 所示。

图 9-15 项目效果图

综合实训 9

1. 组织结构图

项目要求

（1）布局：层次结构图

（2）更改颜色：色彩范围－强调文字颜色 2 至 3。

（3）SmartArt 样式：简单填充。

（4）字体：黑体、10 号。

项目样文

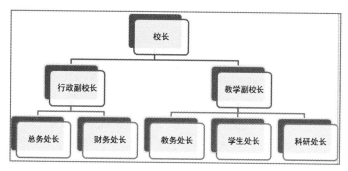

图 9-16　"组织结构图"项目样文

2. 箭头流程图

项目要求

（1）布局：向上前头

（2）更改颜色：色彩范围－强调文字颜色 5 至 6。

（3）SmartArt 样式：优雅。

（4）字体：微软雅黑。

项目样文

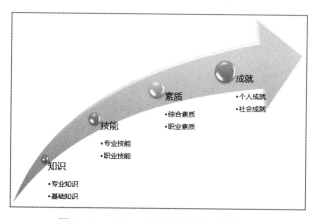

图 9-17　"向上箭头流程图"项目样文

3. 综合示意图

项目要求

（1）文字："微软雅黑，5 号。

（2）分隔线：双点划线，浅蓝色。

（3）矩形框：第一排：1×3厘米，填充为浅蓝色；第二排：1×3厘米，形状轮廓为橙色。

（4）圆柱体：1.5×3厘米，形状轮廓为橙色。填充效果为"纹理"列表中的"水滴"。

项目样文

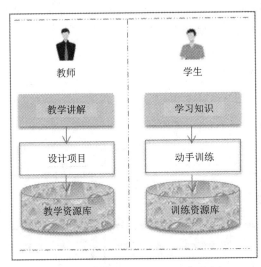

图9-18　"综合流程图"项目样文

4．制作海报

项目要求

（1）画矩形外边框。大小为10×14.5厘米，形状样式为"彩色轮廓－红色，强调颜色2"。

（2）插入海报标题、文章标题，大小、位置、颜色按样文调整。

（3）插入文稿线，大小、位置、颜色按样文调整。

（4）插入剪贴画，大小、位置按样文调整。

（5）插入自选图形，大小、位置按样文调整。

项目样文

图9-19　"海报"项目样文

5.　制作电子报

项目要求

（1）画矩形外边框。大小为 10×14.5 厘米，形状样式为"彩色轮廓－红色，强调颜色 2"。

（2）插入海报标题、文章标题，大小、位置、颜色按样文调整。

（3）插入文稿线，大小、位置、颜色按样文调整。

（4）插入剪贴画，大小、位置按样文调整。

（5）插入自选图形，大小、位置按样文调整。

项目样文

图 9-20　"电子报"项目样文

项目 10　艺术文档——学会制作商品说明

教学目标

（1）掌握文本框的横排、竖排、编辑、美化等方法。

（2）掌握艺术字形状样式和文本样式的设置。

（3）会插入和编辑公式对象。

项目描述

在编制一些文档时，文字要出现在不同位置，要制定文字结构框架，之后添加文字和内容，这就是文本框，同时还可以插入"艺术字"、"公式"、"文档部件"、"对象"等，进一步完美和美化 Word 的文字处理能力。本项目是通过制作产品说明书的封面，使学生学会框架文档的编辑方法和技巧，完成后的效果如图 10-1 所示。

任务 1　插入文本框

文本框，顾名思义是用来存放文本内容的。由于它可以在文档中自由定位，因此它是实现复杂版面的一种常用方法。

图 10-1　效果图

1. 插入文本框

选择"插入"选项卡，在"文本"组中单击"文本框"按钮，从弹出的列表中单击选择一种"内置"类型的文本框，直接在插入点插入文本框，选择"绘制文本框"或"绘制竖排文本框"命令后，按住鼠标左键不放，拖动鼠标绘制文本框，绘制完成后松开鼠标左键，如图10-2 所示。

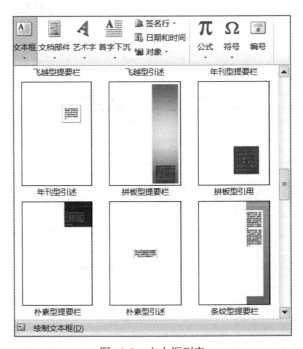

图 10-2　文本框列表

2. 文本框编辑

在文本框中单击即可在文本框中输入文字了，在输入过程中，要根据需要随时调整文本框的大小和位置。文本框的文字编辑与 Word 中文字编辑的方法大致相同，位置的移动和边框的设置以及图片设置方法类似。

项目实战

（1）外边框。插入矩形框 15×11 厘米，无颜色填充，边框颜色为白色，深色 50%。

（2）梯形。插入梯形 3×6 厘米，顺时针旋转 90°，边框和填充颜色为白色，深色 50%。

（3）插入文本框，输入"01"，在"绘图工具格式"选项卡的"形状样式"组中，设置边框为无轮廓，填充颜色为无填充颜色；在"开始"选项卡"字体"组中设置字体为微软雅黑、初号、绿色、加粗；调整大小和位置。

（4）利用复制和粘贴命令，制作"02"、"03"字体颜色分别为黑色和紫色，其他设置相同，调整大小和位置。

（5）利用复制和粘贴命令，制作"公司简介"、"产品介绍"、"营销渠道"、"目录"，微软雅黑、二号，颜色分别是绿、黑、紫、白色；"Aboutus "、"Product"、"Channel"，微软雅黑、小四号，颜色分别是绿、黑、紫色，如图 10-3 所示。

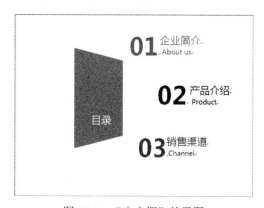

图 10-3　"文本框"效果图

任务 2　插入艺术字

1. 插入艺术字

单击"插入"选项卡，在"文本"组中单击"艺术字"按钮，在如图 10-4 所示的艺术字样式库中，选择一种并单击。

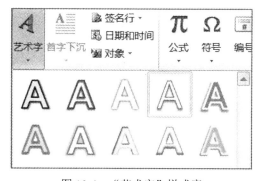

图 10-4　"艺术字"样式库

2. 输入文字

弹出如图 10-5 所示编辑框，在编辑框中单击并输入文字。

请在此放置您的文字

图 10-5　"艺术字"编辑框

3．编辑艺术字

Word 中把艺术字当成图形对象，它可以像图片一样进行复制、移动、删除、改变大小、添加边框、设置版式等。在"格式"选项卡中，可以对艺术字的形状样式、艺术字样式、填充颜色、添加阴影、垂直文字等进行操作。

（1）"形状样式"组：可以改变艺术字形状样式、形状填充颜色、形状轮廓、形状的阴影、发光、映像、三维形状等效果。

（2）"艺术字样式"组：可以改变艺术字文本的填充、轮廓文本的阴影、发光、映像、三维形状等效果。

（3）"文本"组：单击"文字方向"按钮可以将文本进行水平、垂直、角度旋转等效果。单击"对齐文本"按钮，可以将艺术中的文本进行右对齐、居中、左对齐。

（4）"排列"组：可以对艺术字的环绕方式、叠放次序、组合、对齐、旋转等进行改变。

项目实战

（1）随意选择一种艺术字样式，并输入"蓝盾安全产品"，黑体、二号。

（2）在"艺术字样式"组中的"填充效果"下拉列表中选择"转换"命令，在列表中单击"左近右远"。"文本填充"和"文本轮廓"的设置："蓝质安"三个字为白色、深色 50%；"全产品"三个字为白色。调整大小和位置，效果如图 10-6 所示。

图 10-6　插入艺术字效果图

任务 3　插入公式

1．符号编辑

单击"插入"选项卡，在"符号"组中单击"公式"按钮，弹出"公式工具"中的"设计"选项卡，在"符号"组中有公式中经常用到的符号，如图 10-7 所示。

图 10-7　"符号"组

2. 结构编辑

在"结构"组中是公式中经常用到的结构，如图 10-8 所示。

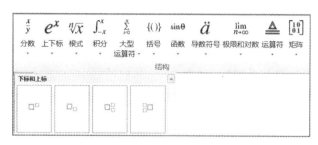

图 10-8　"结构"组

3. 公式编辑

公式可以在文字中混合编辑，以公式编辑框的形式出现在文本中，如图 10-9 所示。

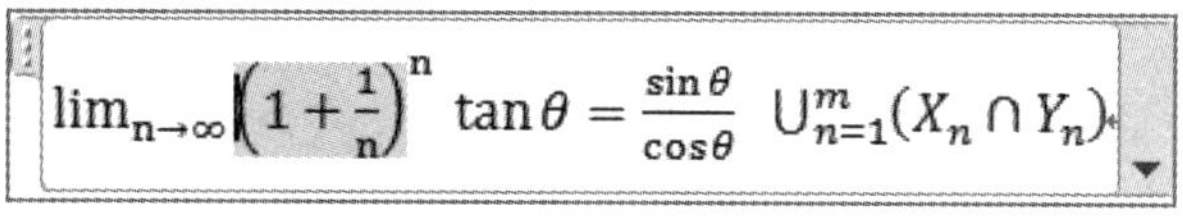

$$\lim_{n \to \infty}\left(1+\frac{1}{n}\right)^{n}\quad \tan\theta=\frac{\sin\theta}{\cos\theta}\quad \bigcup_{n=1}^{m}(X_n \cap Y_n)$$

图 10-9　公式编辑框

项目实战

（1）先插入一个文本框，宽 15 厘米，高 1.5 厘米，填充和轮廓为白色、深色 50%，调整好位置。

（2）在文本框中单击，插入公式" $e^x=1+\frac{x}{1!}+\frac{x^2}{2!}+\frac{x^3}{3!}+\cdots,-\infty<x<\infty$ "，如图 10-10 所示。

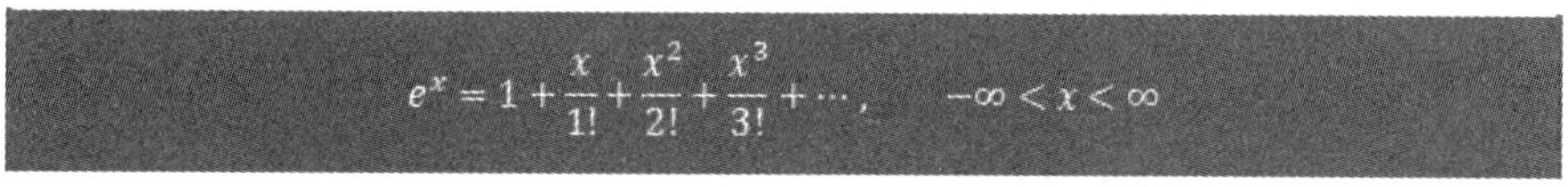

$$e^x=1+\frac{x}{1!}+\frac{x^2}{2!}+\frac{x^3}{3!}+\cdots,\qquad -\infty<x<\infty$$

图 10-10　公式编辑效果图

综合实训 10

1. 宣传手册
项目要求

（1）矩形底色框的形状样式：细微效果－橄榄绿，强调颜色 3。

（2）标题艺术字。艺术字样式：填充－橙色，强调文字颜色 6，暖色粗糙棱台；文本效果：转换－右牛角形，映像－紧密接触，发光－橄榄色，5pt 发光，强调文字颜色 3.

（3）"宣传手册"四个字，字体为幼圆，一号；边框为白色，1 磅；填充、大小、位置：

按样文调整。

项目样文

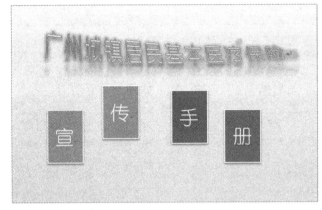

图 10-11　"宣传手册"项目样文

2. 杂志封面

项目要求

（1）打开"综合实训 10-2.docx"文件。

（2）插入"建筑"文本框，字体为华文琥珀，初号；形状样式为中等效果－紫色，强调颜色 4。

（3）插入"2014 第 8 期"文本框，字体为华文行楷，四号；颜色为紫色，无形状填充和轮廓。

（4）插入"建筑与自然"艺术字，字体为宋体，小五号；艺术字样式为填充－白色，投影。

（5）插入"建筑与生活"艺术字，字体为宋体、小初号，艺术字样式为填充－白色，背景 1，金属棱台；文本效果为转换，正梯形。

项目样文

图 10-12　"杂志封面"项目样文

3．李清照诗词

项目要求

（1）打开"综合实训 10-3.docx"文件。

（2）页面设置。页面颜色为水绿色，强调文字颜色 5，深色 50%。

（3）插入"李清照"艺术字，字体为华文行楷，初号；艺术字样式为填充－蓝色，强调文字颜色 1，塑料棱台，映像。

（4）插入"诗词"艺术字，字体为华文隶书，小初；艺术字样式为填充－橙色，强调文字颜色 6，暖色粗糙棱台，全映像，8pt 偏移量，右上对角透视。

（5）插入文本框，添加诗词，竖排，字体为华文行楷，小二；文本填充为水绿色，强调文字颜色 5，深色 50%；文本轮廓为白色；形状填充和轮廓：无。

项目样文

图 10-13　"李清照诗词"项目样文

4．空调手册

项目要求

（1）打开"综合实训 10-4.docx"文件。

（2）页面颜色为橄榄色，强调文字颜色 3，淡色 80%。

（3）外边框为橙色，强调文字颜色 6，深色 25%；无填充色；点划线，2.25 磅。

（4）"空调选购方法"：字体为华文琥珀，二号；艺术字样式为填充－茶色，文本 2，轮廓－背景 2；形状样式为中等效果－水绿色，强调颜色 5；

（5）"空调快速节能手法"：字体为华文琥珀，小初号；艺术字样式为填充－无，轮廓－

强调文字颜色 2；形状样式为无；文字效果为转换，下弯弧。

（6）左侧形状：自选图形，云型标注；形状样式为浅色 1 轮廓，彩色填充－橙色，强调颜色 6；文字为华文隶书，五号；紫色；项目符号为紫色，◆。

（7）右侧形状：圆角矩形；轮廓为橙色，强调文本颜色 6；填充为橙色，强调文本颜色 6，淡色 80%；文字为方正舒体，五号，深红色；项目符号为紫色，◆。

（8）插入图片。

项目样文

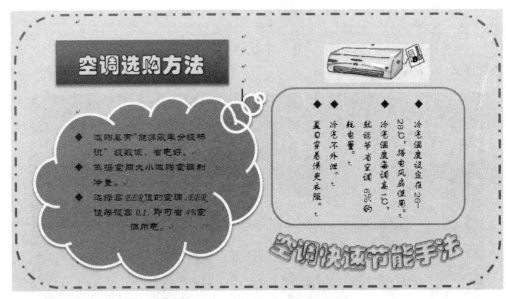

图 10-14   "空调手册"项目样文

5. 数理化公式

项目要求

（1）分别输入数学、物理、化学公式。

（2）四号字。

项目样文

$$已知\ \alpha,\ \beta \in \left(0,\ \frac{\pi}{2}\right),且\ sin\beta \cdot \frac{1}{sin\alpha} = cos(\alpha + \beta)$$

$$求证：tan\beta = \frac{sin2\alpha}{2sin^2\alpha + 2}$$

$$(NH_4)_2CO_2 + 2HCl = 2NH_4Cl + H_2O + CO_2 \uparrow$$

$$E_k = \frac{1}{2}mv^2 = \frac{(mv)^2}{2m} = \frac{p^2}{2m}，故动量\ p = \sqrt{2mE_k}$$

图 10-15   "数理化公式"项目样文

项目 11　超长文档——学会制作产品手册

教学目标

（1）会用分节符来对文档进行分节编辑。

（2）会用大纲方法编辑层次结构分明文档。

（3）会用样式的方法高效编辑文档。

（4）会在文档中插入标注。

（5）会对页眉页脚进行编辑。

（6）会为长文档创建目录。

项目描述

当对长文档进行编辑时，编辑工作量大，就要采用一些特殊的方法进行编辑，如对文档进行分节编辑，这样每节都可以有自己的页面大小和页眉页脚，而不会出现相互干扰；比如用大纲编辑，使文档层次分明；可以对大量相同内容的设置，统一定义一种样式等，本项目通过制作企业的"产品手册"，使学生学习长文档的编辑方法和技巧。项目完成后的效果如图 11-1 所示。

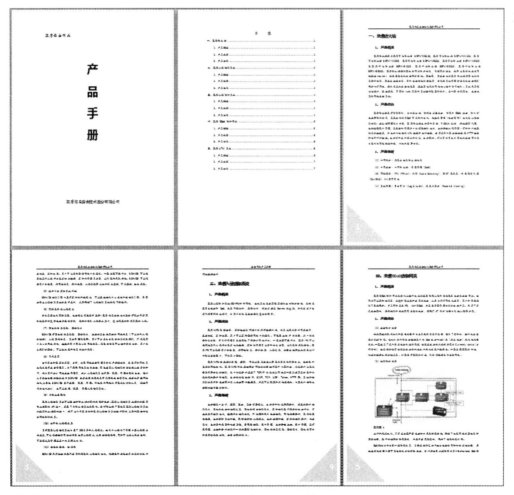

图 11-1　"产品手册"样文

任务1　插入分节符

在长文档中，有封面、摘要、目录和正文等多个主体部分，不同部分的页面设置有所不同，比如页眉、页码等，必须通过插入分节符，使整个文档分成各个相对独立的"节"，每个节可以进行不同的设置。单击"页面布局"选项卡，在"页面设置"分组中单击"分隔符"按钮，并在下拉列表中选择"分隔符"→"下一页"命令，就会在插入点处插入一个分节符。如图 11-2 所示。

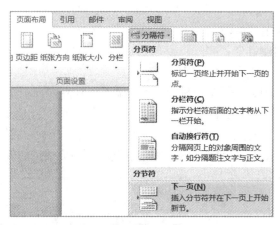

图 11-2　"分隔符"设置下拉列表

项目实战

打开"项目 11—源文件"，在"封面页"与"目录页"之间插入"分节符"中的"下一页"命令，在"目录"与"正文"之间插入"分节符"中的"下一页"命令，把文档分成三个节，封面是第 1 节，目录是第 2 节，正文是第 3 节。

任务2　大纲文档

大纲视图可以方便地编辑结构层次多的长文档，清楚地看到文档的标题和层次。首先单击"视图"选项卡，再单击"文档视图"分组中的"大纲视图"按钮，弹出"大纲"选项卡，如图 11-3 所示。在"大纲工具"组中可以设定 1 至 9 个级别的标题和正文文字；"展开"和"折叠"显示文字不同级别的文字。

图 11-3　"大纲"选项卡

项目实战

单击"大纲"选项卡，在大纲视图中选择"一、二、三、四……"编号的文字段落，设置成"1 级"，选择"1、2、3……"编号的文字段落，设置成"2 级"，其他为正文文字，"显示级别"设置成 2 级，如图 11-4 所示。

图 11-4　"大纲"编辑效果图

任务 3　样式设置

对于长文档的排版，我们根据具体的排版要求，设置好自己需要的自定义样式，将其保存为新样式，在文中按样式的标题层次和正文分级别选择文字，单击对应级别的自定义样式进行快速设置（可以使用格式刷）。

在"开始"选项卡的"样式"选项组中，右键单击样式库中的"标题 1"，在下拉菜单项中选择"修改"选项，如图 11-5 所示，在打开的"修改样式"对话框中可以对原样式重新命名。单击"格式"按钮，在弹出的菜单中选择"字体"、"段落"、"边框"等命令，进行自定义样式的各种设置。最后单击"确定"按钮。如图 11-6 所示。

图 11-5　"样式"下拉列表

项目实战

（1）一级标题自定义样式，名称为"手册标题 1"，字体格式：黑体、四号、深蓝色；段落格式：首行缩进 2 个字符，段前段后 12 磅，单倍行距。

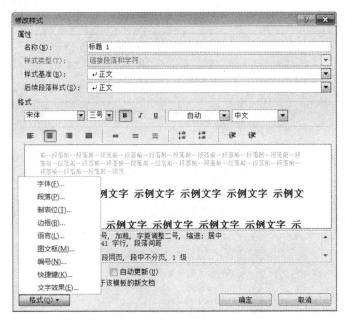

图 11-6　"修改样式"对话框

（2）二级标题自定义样式，名称为"手册标题 2"，字体格式：黑体、小四、深蓝色；段落格式：首行缩进 2 个字符，段前段后 12 磅；单倍行距。

（3）正文自定义样式，名称为"手册正文"，字体格式：楷体、五号；段落格式：首行缩进 2 个字符，段前段后 6 磅，行距 18 磅。

（4）选取相应级别文字，单击对应样式按钮，快速完成长文档的格式编辑，也可以用"格式刷"完成。效果如图 11-7 所示。

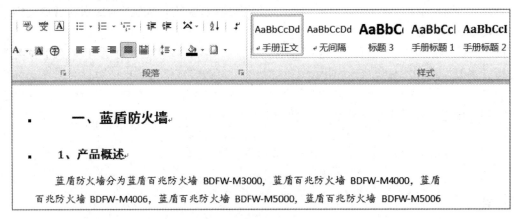

图 11-7　"样式设置"效果图

任务 4　插入标注

1. 插入题注

一般长文档中含有大量图片，为了能更好地管理这些图片，可以为图片添加题注。添加了题注的图片会获得一个编号，并且在删除或添加图片时，所有图片编号会自动改变，以保持编号的连续性。

在文档中右击需要添加题注的图片，并在打开的快捷菜单中选择"插入题注"命令。或者单击选中图片，在"引用"功能区的"题注"分组中单击"插入题注"按钮，如图 11-8 所示。在"题注"对话框中单击"新建标签"按钮，设置新标签；单击"编号"按钮，设置编号格式或在编号中包含的章节号等。

图 11-8　"题注"对话框

项目实战

在第 7 页的图片下方插入题注——"展示图 1"，最后一页的表格上方插入题注"性能表 1"。单击上图"新建标签"按钮，在"标签"文本框中输入"展示图"，如图 11-9 所示。用同样方法加表格题注。

图 11-9　"新建标签"对话框

2.　脚注尾注

脚注和尾注是对文档中的特殊文本提供解释和说明，脚注是将注释文本放在页面底端，尾注是将注释文本放在文档的结尾，由注释引用标记和与其对应的注释文组成。选取要注释的文本，单击"引用"选项卡，在"脚注"组中单击"插入脚注"按钮或"插入尾注"按钮，光标自动定位到脚注或尾注的文本注释区，即可输入脚注或文本的注释文本。双击注释区的脚注或尾注编号，返回到文档中的引用标记位置处，同样双击文档中的引用标记则返回到注释区。默认情况下，脚注标记为"1"，尾注标记为"i"。

任务 5　页眉页脚

页眉和页脚是指每页顶端和底部的特定内容，单击"插入"选项卡，在"页眉和页脚"组中单击"页眉"按钮，从弹出的菜单中选择一种内置类型，单击"编辑页眉"命令，弹出自定义编辑页眉。页脚操作方法类似。在页眉页脚处也可以通过单击"页码"按钮来插入各种形式的页码。

项目实战

在正文文档（第 3 节）页眉奇数页输入"蓝盾信息安全技术股份有限公司"，偶数页输入"网关产品手册"，页脚输入页码，奇数页"三角形 1"，偶数页"三角形 2"。

（1）单击"插入"选项卡，在"页眉和页脚"组中单击"页眉"按钮，在弹出的列表中选择"编辑页眉"命令，弹出"页眉和页脚工具设计"选项卡，单击"导航"组中的"上一节"、"下一节"按钮，即可在 3 个节中切换。节页眉线右下侧有"与上一节相同"字样的，单击"导航"组中的"链接到前一条页眉"按钮，就可以设置上节和下节有不同的页眉，如图 11-10 所示。

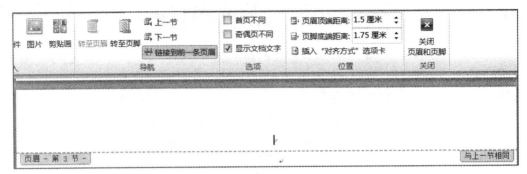

图 11-10   "页眉和页脚工具设计"选项卡

（2）选择"选项"组中的"奇偶页不同"选项，在第 3 节奇数页页眉输入"蓝盾信息安全技术股份有限公司"，在第 3 节偶数页输入"安全网关产品手册"。

（3）单击"导航"组中的"转至页脚"按钮，转到页脚编辑区，单击"链接到前一条页眉"按钮，使第 3 节奇偶页的页脚与前 2 节的不同。单击"页眉和页脚"组中的"页码"按钮，在列表中选择"页面底端"命令，列表中选"三角形 1"，同理输入"三角形 2"页码。

（4）单击"页眉和页脚"组中的"页码"按钮，在列表中选择"编辑页码格式"命令，打开"页码格式"对话框，在"页码编号"中选择"起始页码"单选项并输入 1，单击"确定"按钮。如图 11-11 所示。

图 11-11   "页码格式"对话框

任务 6　创建目录

1. 插入目录

单击"引用"选项卡，在"目录"选项组中单击"目录"按钮，并在随即打开的下拉列表中选择"插入目录"命令，在"目录"对话框的"目录"选项卡上进行设置，如图 11-12 所示。单击"确定"按钮，即可生成对应格式的文档目录。

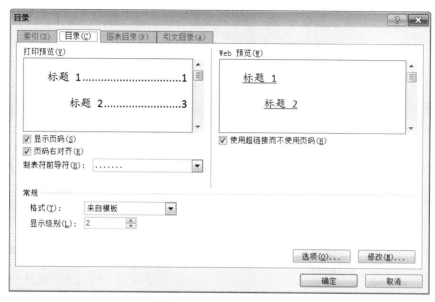

图 11-12　"目录"设置

2. 更新目录

如果目录中显示的标题内容在正文中改变了，右击目录页面，在下拉菜单中选择"更新域"命令，如图 11-13 所示。在打开的"更新目录"对话框中选择"更新整个目录"选项，单击"确定"按钮，目录就更新完成了。

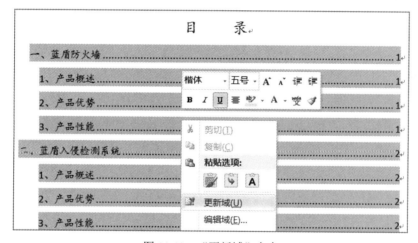

图 11-13　"更新域"命令

项目实战

将鼠标定位到"目录"两字下一行，然后打开"目录"对话框，设置格式为"来自模板"，显示级别为"2 级"，单击"确定"按钮。

综合实训 11

1. 孙子兵法

项目要求

（1）打开"综合实训 11-1 源文件.docx"，按图 11-14 所示样文编辑。

（2）分节设置。封面页是第 1 节，目录页是第 2 节，正文部分是第 3 节。

（3）封面设计。封面深蓝色；书名框黑、白色，输入书名和作者名，画白色修饰线；字体、大小、线形、粗细、位置自行设计。

（4）设置大纲级别。设置一、二、……段落为 1 级标题，其他文字为正文。

（5）更改样式。选择"茅草"样式集。

（6）插入目录。在第 2 页插入"内置"式"自动目录 1"。

（7）加页眉和页脚。断开各节的链接，页眉选"内置"中的"运动型"，输入"孙子兵法 世界奇书"，页码在页面底端，选内置为"框中倾斜 2"型，页码从 1 开始编号。

项目样文

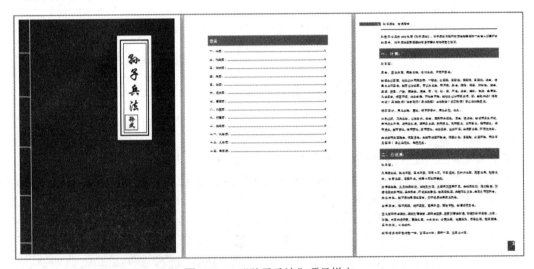

图 11-14　"孙子兵法"项目样文

2. 解决方案

项目要求

（1）打开"综合实训 11-2 源文件.docx"，按图 11-15 所示样文编辑。

（2）分节设置。封面页是第 1 节，正文部分是第 2 节。

（3）设置大纲级别。设 1、2、……标题为 1 级标题，1.1、1.2、……标题为 2 级标题，其他文字为正文。

（4）更改样式。选择"流行"样式集。

（5）插入目录。在第 1 页标题下插入"内置"式"自动目录 1"。

（6）加页眉和页脚。"内置"中的"连线型"页眉，输入"解决方案"和"蓝盾信息安全"，页面底端"圆形"选择页码，页码从 1 开始编号。

项目样文

3. 毕业论文

项目要求

（1）打开"综合实训 11-3 源文件.docx"，按图 11-16 所示进行编辑。

（2）分节设置。封面页是第 1 节，目录页是第 2 节，正文部分是第 3 节。

（3）页面背景。页面颜色：浅蓝，背景 2；页面边框：艺术型，10 磅。

（4）调整封面设置，标题文字：华文隶书，小一号，文字效果：渐变填充－深绿，强调文字颜色 1，轮廓－白色；插入圆形，分别添加"宣传手册"文字，按"项目样文"进行设置和调整。

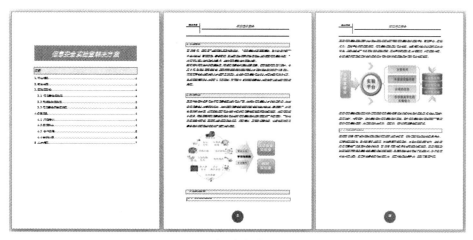

图 11-15　"解决方案"项目样文

（5）设置大纲级别。一、二……设置为"1 级"；其他文字为正文。

（6）样式设置。正文样式：楷体，小四，深绿色；首先缩进 2 字符，行间距 1.25 倍，段前段后 6 磅；"1 级"标题样式：宋体，11 号，白色，边框和底纹深绿色。

（7）插入目录。插入自动目录 2，目录文字：微软雅黑，小四，加粗，深绿色。

项目样文

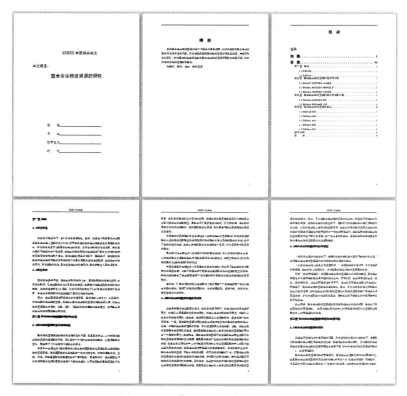

图 11-16　"毕业论文"项目样文

4. 宣传手册

项目要求

（1）打开"综合实训 11-4 源文件.docx"，按图 11-17 所示编辑。

（2）分节设置。封面页是第 1 节，摘要和目录是第 2 节，摘要和目录间分页，正文部分是第 3 节。

（3）设置大纲级别。摘要、目录设置成"1 级"，样式选"标题"；第一章、第二章……参与文献、致谢设置为"2 级"，样式选"标题 1"；设 1.1 至 4.5 标题为"3 级"标题，样式选"标题 2"；其他文字为正文，样式选"正文"。

（4）调整封面设置。按样文设置和调整。

（5）插入目录。在目录页插入"内置"式"自动目录 1"。

（6）加页眉和页脚。第 3 节页眉为"×××××毕业论文"；页脚在底端插入页码，第 2 节按"Ⅰ、Ⅱ、Ⅲ……"编号，第 3 节按"1、2、3……"编号，页码从 1 开始编号。

项目样文

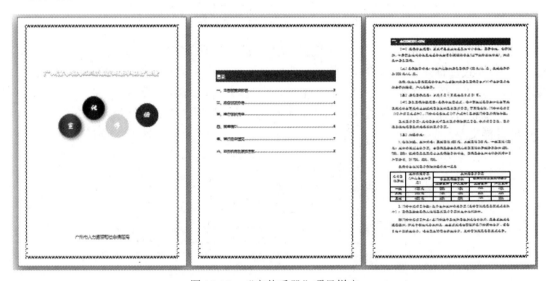

图 11-17　"宣传手册"项目样文

5. 书籍

项目要求

（1）打开"综合实训 11-5 源文件.docx"，按图 11-18 所示编辑。

（2）修改"标题 1"样式。名称为"章"，格式为宋体、三号、加粗，定义新编号格式为"第一章"。

（3）修改"标题 2"样式。名称为"节"，格式为宋体、四号、加粗、居中，定义新编号格式为"第一节"。

（4）修改"标题 3"样式。名称为"案例"，格式为宋体、五号、加粗，定义新编号格式为"案例 1"，边框为 1 磅黑色单线，底纹为白色，背景 1，深色 15%。

（5）修改"正文"样式。字体为宋体、五号，段落行距为首行缩进 2 字符、固定值 20 磅。

（6）设置图片。嵌入型，单倍行距，居中。

（7）插入题注。新建标签"案例图"，宋体、五号、居中。

（8）页眉页脚。页眉为"计算机应用基础案例教程"，页脚为"－页－"。

项目样文

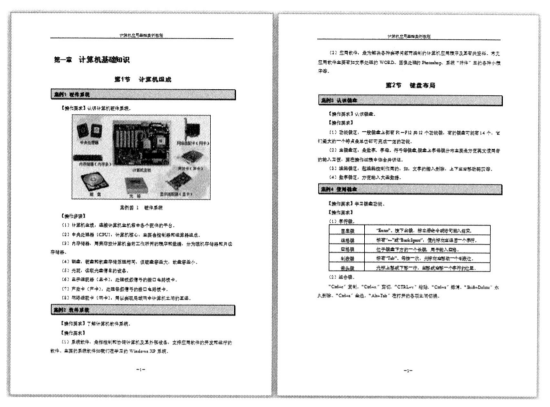

图 11-18　"书籍"项目样文

项目 12　批量文档——学会制作商务邮件

教学目标

（1）学会建立主文档的方法。

（2）学会制作数据源的方法。

（3）掌握邮件合并的步骤和方法。

（4）掌握批量信封的制作方法。

项目描述

在日常办公和商务应用中，经常需要制作大量信函、信封等邮件。如果采用逐条记录的输入方法效率极低，而用邮件合并功能可以批量制作，效率很高。邮件合并是将主文档和数据源文档合并成一个新文档，主文档包含了信函中相同部分的内容和格式，数据源文档是多条变化内容的数据表集。本项目是通过公司召开会议，给参加会议的人员发"请柬"商务信函，使学生学习利用邮件合并的方法制作大量商务邮件的方法，如图 12-1 所示。

请　　柬

尊敬的赵一 先生：

我公司定于 7 月 5 日 9:00 时召开 董事 会议，地点在公司办公楼 206 会议室，届时敬请光临为盼。

蓝盾信息安全股份有限公司

图 12-1　“请柬”项目样文

任务 1　建主文档

新建 Word 文件，在文档中输入主文档内容并保存，主文档包含了信函中相同部分的内容和格式，也就是批量文档中不变的部分。

项目实战

新建 Word 文件，按图 12-1 所示的格式输入内容，并设置相应格式，以“请柬”为文件名保存成主文档。其中带下划线的文字是不同请柬可变的内容，所以在主文档中不输入。

请　　柬

尊敬的：

我公司定于 7 月 5 日　时召开 会议，地点在公司办公楼 会议室，届时敬请光临为盼。

蓝盾信息安全股份有限公司

图 12-2　“请柬”主文档

任务 2　建数据源

数据源文档可以选用 Word、Excel 或 Access 来制作，但不论用哪种软件来制作，它都是含有标题行的数据记录表，由字段列和记录行构成，字段列说明信息的性质，如“姓名”、“邮编”等。每一条记录行存储一个对象的相应信息，如“具体人的姓名”。标题行的字段也称为“合并域”。

项目实践

新建 Word 文档，创建数据源文件如图 12-3 所示，保存文件名为“会议通讯录”的数据源文件。

姓名	称谓	会议	时间	房号	邮编	地址	单位
赵一	先生	董事	9：00	206	510000	广州中山路 10 号	学代信息公司
钱二	女士	董事	9：00	206	510640	广州天河路 84 号	昌塔科技公司
孙三	先生	股东	14：00	415	510100	广州科华街 273 号	科贸职业学院
李四	先生	股东	14：00	415	510480	广州广园路 166 号	时代通讯公司

图 12-3　“会议通讯录”

任务 3　邮件合并

（1）打开主文档，单击"邮件"选项卡，如图 12-4 所示。

图 12-4　"邮件"选项卡

（2）开始邮件合并。单击"开始邮件合并"组中的"开始邮件合并"按钮，选择"信函"、"电子邮件"列表选项，开始编辑信函或电子邮件，如图 12-5 所示。

（3）选择收件人。单击"开始邮件合并"组中的"选择收件人"按钮及"键入新列表"选项，打开对话框，可以新建数据源文件。单击"使用现有列表"即可打开已有的数据源文件，也可以在邮箱联系人中选择，如图 12-6 所示。

图 12-5　"开始邮件合并"

图 12-6　"选择收件人"

（4）插入合并域。单击"邮件"选项卡，单击"编写和插入域"组中的"插入合并域"按钮，在主文档中的合适位置插入数据源文件中的标题字段（合并域）到主文档中，如图 12-7 所示。

（5）完成并合并。单击"邮件"选项卡，单击"完成并合并"按钮，选择"编辑单个文档"命令，弹出"合并到新文档"对话框，单击"确定"按钮，如图 12-8 所示，合并成批量邮件新文档。

图 12-7　"插入合并域"

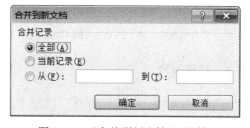

图 12-8　"合并到新文档"对话框

项目实战

（1）打开"请柬"主文档。

（2）单击"选择收件人"按钮，选择"使用现有列表"，打开已有的"会议通讯录"数据源文件。

（3）在主文档中单击要插入"合并域"的位置，单击"插入合并域"按钮，在下拉列表中选择合适的"合并域"并单击，相应的"合并域"插入到主文档中的合适位置，如图 12-9 所示。

图 12-9   "合并域"邮件"信封"

（4）单击"完成并合并"按钮，形成新的批量邮件文件，如图 12-10 所示。保存文件。

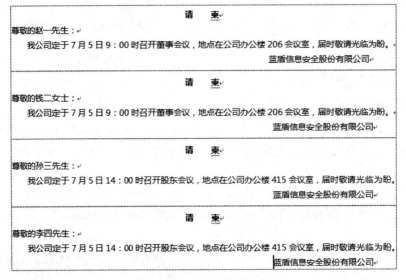

图 12-10   合并后批量文件

任务 4   批量信封

新建一个空白文档，单击"邮件"选项卡，单击"创建"组中的"中文信封"按钮，打开"信封制作向导"对话框，如图 12-11 所示。按向导步骤进行操作，完成批量信封制作。

项目实战

（1）新建一个空白文档。单击"邮件"选项卡，单击"创建"组中的"中文信封"按钮，打开"信封制作向导"对话框。

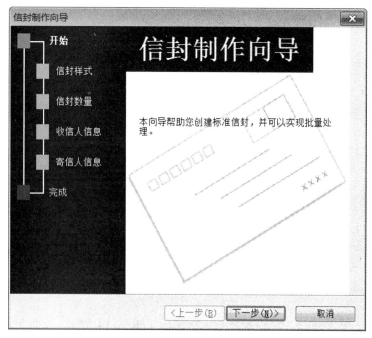

图 12-11　"信封制作向导"对话框

（2）"选择信封样式"步骤。选择"国内信封－B6"。

（3）"选择生成信封方式和数量"步骤。选择"基于地址簿文件，生成批量信封"选项。

（4）"收件人信息"步骤。单击"选择地址簿"按钮，选择打开项目 12 "会议通讯录.xcl 文件，对"地址簿中的对应项"栏中的"未选择"项目进行选择，如图 12-12 所示。

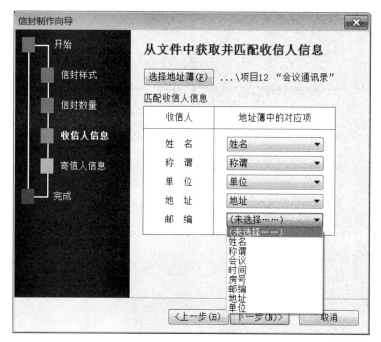

图 12-12　"收件人信息"

（5）"寄信人信息"步骤。输入如图 12-13 所示内容。

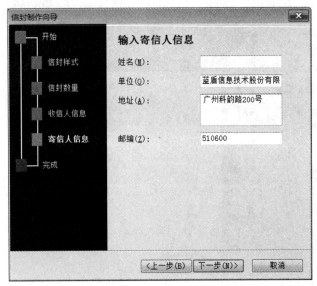

图 12-13　"寄信人信息"

（6）单击"完成"按钮，完成批量信封制作，如图 12-14 所示，文件另存为"项目 12 批量信封"。

图 12-14　"批量信封"

综合实训 12

1. 批量信封

项目要求

（1）编辑主控文档。新建文档，纸张大小为宽 14 厘米，高 9 厘米；页边距为 1 厘米；

字体为宋体；字号为第三行文字三号，其他小四号字，按样文调整位置，设置好后保存"综合实训 12-1 主控文档.docx"。

（2）编辑数据源。新建文档，按"项目样文"样式输入相关内容，保存为"综合实训 12-2 数据源.docx"。

（3）邮件合并。打开主控文档，选择数据源文件为收件人，插入合并域，完成合并，文件保存为"综合实训 12-1 合并文件.docx"。

项目样文

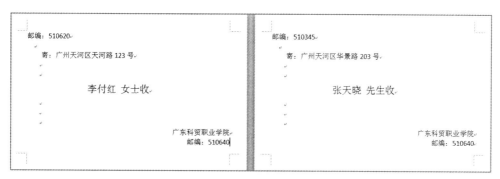

图 12-15　"批量信封"样文

2. 教学任务书

项目要求

（1）创建主控文档。新建文档，按"项目样文"样式输入主控文档内容，适当调整位置，设置好后保存为"综合实训 12-2 主控文档.docx"。

（2）创建数据源。新建文档，按"项目样文"样式输入相关内容，保存为"综合实训 12-2 数据源.docx"。

（3）邮件合并。打开主控文档，选择数据源文件为收件人，插入合并域，完成合并，将文件保存为"综合实训 12-2 合并文件.docx"。

项目样文

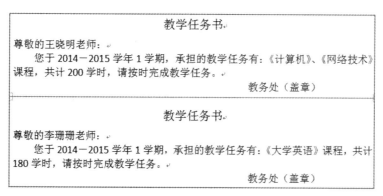

图 12-16　"教学任务书"样文

3. 期末考试选题单

项目要求

（1）创建主控文档。新建文档，按"项目样文"格式输入主控文档内容，并设置和调整相应文本，保存为"综合实训 12-3 主控文档.docx"。

（2）创建数据源。新建文档，按"项目样文"格式输入数据源文档内容，保存为"综合实训 12-3 数据源.docx"。

（3）邮件合并。打开主控文档，选择数据源文件为收件人，插入合并域，完成合并，保存为"综合实训 12-3 合并文件.docx"。

项目样文

期末考试选题单						
姓名	第 1 题	第 2 题	第 3 题	第 4 题	第 5 题	第 6 题	第 7 题
王明	2－1	5－4	8－2	12－2	16－1	17－5	20－3

期末考试选题单						
姓名	第 1 题	第 2 题	第 3 题	第 4 题	第 5 题	第 6 题	第 7 题
李晶	4－4	6－5	9－3	13－4	15－5	18－1	22－1

图 12-17　"期末考试选题单"样文

4．录取通知书

项目要求

（1）创建主控文档。新建文档，按"项目样文"格式输入主控文档内容，并设置和调整相应文本的格式和内容，保存为"综合实训 12-4 主控文档.docx"。

（2）创建数据源。新建文档，按"项目样文"格式输入数据源文档内容，保存为"综合实训 12-4 数据源.docx"。

（3）邮件合并。打开主控文档，选择数据源文件为收件人，插入合并域，完成合并，保存为"综合实训 12-4 合并文件.docx"。

项目样文

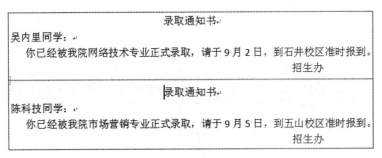

图 12-18　"录取通知书"样文

5．收费通知单

项目要求

（1）创建主控文档。新建文档，按"项目样文"格式输入主控文档内容，并设置和调整相应文本的格式和内容，保存为"综合实训 12-5 主控文档.docx"。

（2）创建数据源。新建文档，按"项目样文"格式输入数据源文档内容，保存为"综合实训 12-5 数据源.docx"。

（3）邮件合并。打开主控文档，选择数据源文件为收件人，插入合并域，完成合并，保存为"综合实训 12-5 合并文件.docx"。

项目样文

收费通知单				
9#101 户业主：				
您 5 月的各项费用如下表，请于下个月 5 日前到物业交款。				
水费	电费	车位费	管理费	总计
50	50	150	100	350

收费通知单				
9#102 户业主：				
您 5 月的各项费用如下表，请于下个月 9 日前到物业交款。				
水费	电费	车位费	管理费	总计
60	60	0	120	240

图 12-19　"收费通知单"样文

第 4 部分　电子表格软件 Excel 2010

项目 13　新建表格——学会制作企业资料表

教学目标

（1）掌握软件的启动方式，熟悉 Excel 界面布局。

（2）学会新建、储存、打开文件。

（3）熟练掌握 Excel 的常用操作（插入、复制、移动、删除等）。

项目描述

Excel 2010 是微软办公套装软件的一个重要组成部分，它可以进行各种数据的处理、统计分析和辅助决策操作，广泛应用于管理、统计财经、金融等众多领域。本项目通过建立公司基本资料表，了解 Excel 2010 的界面和新功能，学会管理工作簿、工作表的基本操作。项目完成效果如图 13-1 所示。

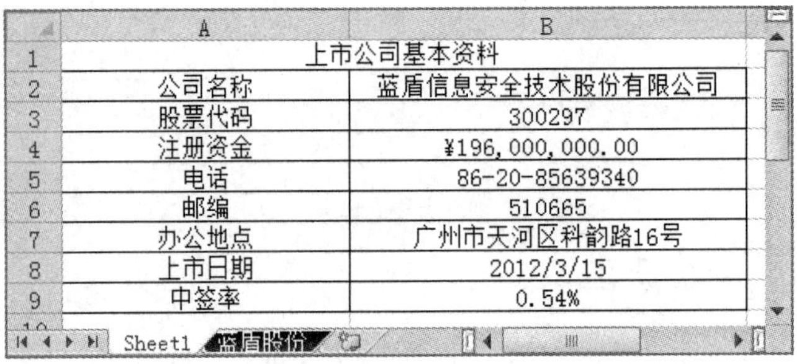

	A	B
1	上市公司基本资料	
2	公司名称	蓝盾信息安全技术股份有限公司
3	股票代码	300297
4	注册资金	¥196,000,000.00
5	电话	86-20-85639340
6	邮编	510665
7	办公地点	广州市天河区科韵路16号
8	上市日期	2012/3/15
9	中签率	0.54%

图 13-1　项目样文

任务 1　认识软件

软件启动可以通过“开始”按钮找到 Excel 程序、双击现有 Excel 工作簿文件、双击桌面快捷方式、在“运行”对话框中输入“Excel”等实现。软件退出可通过“关闭”按钮、文件菜单的关闭或退出、任务栏右击关闭窗口等来完成。

1. 开始菜单启动

单击“开始”→“所有程序”→“Microsoft Office”→“Microsoft Excel 2010”菜单命令，启动 Excel 并建立一个新的工作簿。

2. 打开文件启动

利用资源管理器或桌面上的“计算机”图标找到保存过的 Excel 文件，双击图标，启动 Excel 并打开工作簿文件。

3. 快捷方式启动

双击桌面上的 Excel 2010 快捷图标，启动程序。

4. 命令行启动

按 Windows 徽标+R 组合键,调出"运行"对话框,输入"excel",单击"确定"按钮启动程序,如图 13-2 所示。

图 13-2 "运行"对话框

项目实战

按项目要求,用 4 种方法启动 Excel 2010 软件。

5. 工作界面

Excel 工作界面中的许多元素与其他 Windows 程序的窗口元素相似,如图 13-3 所示,主要包括快速访问工具栏、标题栏、文件选项卡、功能区组、编辑栏、工作表标签、工作表、活动单元格等内容。

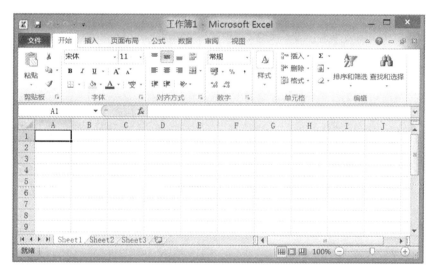

图 13-3 工作界面

快速访问工具栏:此工具栏上的命令始终可见。用户可根据需要在此工具栏中添加常用命令,如图 13-4 所示,在弹出的"自定义快速访问工具栏"中选择要显示和不显示的内容,如果当前列表中没有列出所要的命令,可以单击"其他命令(M)"菜单,通过"添加"和"删除"按钮自定义要使用的内容。

标题栏:标题栏包括编辑工作簿的名称、应用程序名称(如 Microsoft Excel)以及右上角的控制按钮。控制按钮用于控制窗口大小,包括最小化、最大化(或向下还原)和关闭三个按钮。

文件选项卡:单击"文件"选项卡可进入 Back-stage 视图,在此视图中可以打开、保存、打印和管理 Excel 文件。若要退出 Backstage 视图,可单击任何功能区选项卡。

图 13-4　"快速访问工具栏"

功能区选项卡：单击功能区上的任何选项卡，可显示出其中的按钮和命令。

功能区组：每个功能区选项卡都包含多个组，每个组都包含一组相关命令。例如，"单元格"选项卡上包括插入、删除和格式的命令。功能区可调整其外观以适合计算机的屏幕大小和分辨率。在较小的屏幕上，一些功能区组可能只显示其组名，而不显示命令，如图 13-5 所示，在此情况下，单击组按钮上的小箭头即可显示出命令。

图 13-5　"功能组"压缩显示

名称框：显示所选单元格或区域的名称。

编辑栏：显示活动单元格的内容，用于数据或公式的输入和编辑。

工作表区：是软件处理数据的主要区域，主要由单元格、行号、列号、工作表标签和滚动条组成。

活动单元格：就是选定单元格，可以向其中输入数据。一次只能有一个活动单元格。活动单元格四周的边框加粗显示，同时该单元格的地址或名显示在编辑栏的名称框里。

行列表示：行号以数字表示，列标以英文字母表示。

工作表标签：用来显示打开的工作簿中工作表的名称，如 Sheet1。

滚动条：包括水平滚动条、垂直滚动条及四个滚动箭头，用于显示工作表的不同区域。

状态栏：位于程序窗口的下边缘，用于对当前选定单元格或区域等的说明，如"就绪"、"编辑"、"输入"等。

项目实战

自定义快速访问工具栏，将"新建"按钮添加到"快速访问工具栏"，再利用此按钮创建一个工作簿文件，如图 13-6 所示。调整窗口大小，查看功能区组变化并找到相应的按钮位置。

图 13-6　"自定义快速访问"工具栏

任务 2　文件操作

Excel 的一个工作簿就是一个文件，对文件新建、保存等方法同样适用于工作簿，工作簿是由一个或多个工作表组成的。

1. 新建工作簿

利用可用的模板（空白工作簿、最近打开的模板、样本模板、我的模板、根据现有内容新建）和 Offices.com 模板来创建。例如选择"文件"菜单下的"新建"命令，在"可用模板"中选择"空白工作簿"创建，如图 13-7 所示。

图 13-7　"文件"选项卡

2. 保存工作簿

可选"文件"选项卡中的"保存"、快速启动栏上的"保存"按钮、Ctrl+S 组合键等方法。其默认扩展名为.xlsx，如果希望保存的文件能够在老版本中打开，可选择"Excel97-2003 文档"选项。

3. 关闭工作簿并退出

退出 Excel 前，应将所建文件保存。如果文件尚未保存，Excel 会在关闭窗口前提示保存文件。

项目实战

按项目要求，用上述不同方法新建工作簿文件。

4. 常用表格操作

（1）单元格输入

选择要输入内容的单元格，直接输入或利用编辑栏进行编辑修改。创建工作表后，要向表中单元格输入各种数据，在 Excel 单元格中可以输入三种数据：数字、文本和公式。默认情况下，文本在单元格中靠左对齐，数字在单元格中靠右对齐。在前纯数字前加单引号，可将其作为文本，如输入学号、代码等。

项目实战

新建工作簿，在指定位置输入内容，如图 13-8 所示。

图 13-8　项目输入内容和位置

（2）单元格格式

选定需要合并或拆分的若干单元格，选择"开始"选项卡，如图 13-9 所示，在"对齐方式"组中单击"合并后居中"按钮。选定需要设置的单元格，选择"开始"选项卡，在"字体"组中单击"边框"按钮的下拉列表，选择要添加边框的样式。选定需要设置的单元格，选择"开始"选项卡，在"数字"组中单击"常规"按钮的下拉列表，选择要设置的数字样式。

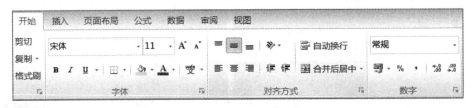

图 13-9　"开始"选项卡

项目实战

合并居中区域 A1:B1，单击"所有框线"按钮加边框，设置 B4 单元格为货币类型，B6 单元格为邮政码类型，B9 单元格为百分比类型，将光标放置到两列单元格中间，按住左键拖动调整宽度，将单元格设置居中对齐。选择"文件"→"另存为"命令，将文件保存到指定目录，文件名为"上市公司基本资料表"，类型为"Excel 工作簿"，效果如图 13-10 所示。

任务 3　工作表操作

工作表是 Excel 的基本单位，用户可以对其进行插入、删除、移动、复制、重命名、显示、隐藏、设置工作表标签颜色、保护工作表等操作。

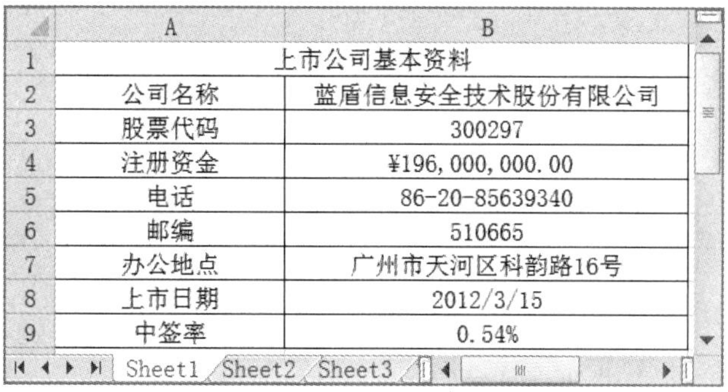

图 13-10　项目效果

1. 删除工作表

在工作表标签上右击鼠标，选择"删除"命令，如果工作表是空表，删除工作表无任何提示；如果工作表中有数据，则弹出提示确认删除的对话框，如图 13-11 所示，单击"删除"按钮即可删除工作表。

图 13-11　删除工作表确认对话框

项目实战

按项目要求，将 Sheet1 表中的 A1 单元格内容复制到 Sheet2 表的 A1 单元格中，分别删除 Sheet2 表和 Sheet3 表。

2. 插入工作表

右击"工作表标签"，选择"插入"命令，在弹出的"插入"对话框中选择"工作表"，单击"确定"按钮，单击工作表标签最后的"插入工作表"按钮，按 Shift+F11 组合键也可以添加新的工作表。

图 13-12　"插入"对话框

项目实战

按项目要求，用上述两种方法插入新工作表 Sheet4 和 Sheet5。

3. 隐藏和取消隐藏工作表

在工作表标签上右击，弹出工作表属性列表，如图 13-13 所示，选择"隐藏"或"取消隐藏"命令。

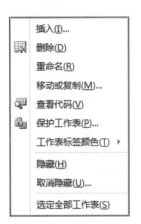

图 13-13　工作表属性列表

项目实战

按项目要求，对新建的两个工作表 Sheet4 和 Sheet5 进行隐藏操作，对 Sheet4 取消隐藏操作，效果如图 13-14 所示。

	A	B
1	上市公司基本资料	
2	公司名称	蓝盾信息安全技术股份有限公司
3	股票代码	300297
4	注册资金	¥196,000,000.00
5	电话	86-20-85639340
6	邮编	510665
7	办公地点	广州市天河区科韵路16号
8	上市日期	2012/3/15
9	中签率	0.54%

Sheet1　Sheet4

图 13-14　项目样文

4. 移动工作表

打开工作簿文件，在工作表标签上右击，选择"移动或复制（M）"命令，弹出"移动或复制工作表"对话框，如图 13-15 所示，可选择将工作表移动到当前工作簿的位置，如果要移动到其他工作簿文件或是到新建的工作簿，可以打开工作簿下拉列表，选择要移动的位置。

5. 复制工作表

复制工作表的操作与上述方法类似，只要选择建立副本即可。也可以按住 Ctrl 键，同时用鼠标拖动工作表标签放置到新位置。

项目实战

按项目要求，用上述任一种方法，将工作表 Sheet1 建立副本到工作表最后。

6. 重命名工作表

在工作表标签处右击，选择"重命名"命令，或双击工作表标签，工作表标签被选中，输入新的工作表标签名称。

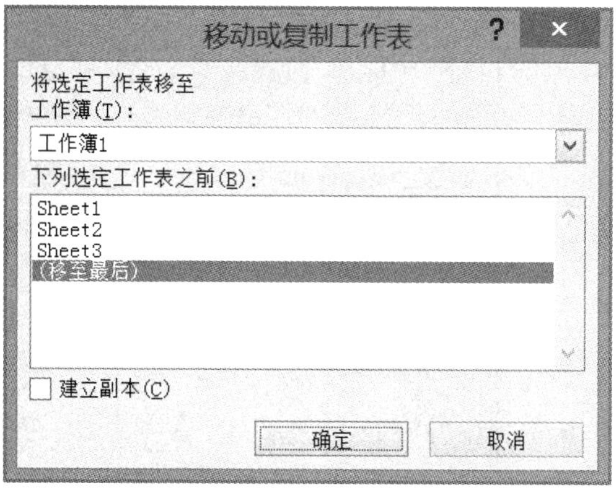

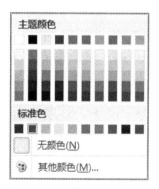

图 13-15 移动或复制工作表对话框

项目实战

按项目要求，将工作表 Sheet1（2）命名为"蓝盾股份"。

7. 设置工作表标签颜色

在工作表标签上右击，选取"工作表标签颜色"命令，弹出工作表标签颜色框，如图 13-16 所示。选择一种颜色，再单击其他标签时，即可查看新颜色标签效果。

图 13-16 工作表标签颜色框

项目实战

按项目要求，设置工作表"蓝盾股份"标签颜色为黑色，删除工作表 Sheet4 和 Sheet5。

8. 保护工作表

打开工作簿文件，选择"审阅"选项卡，在"更改"组中单击"保护工作表"按钮，如图 13-17 所示，设置相关保护内容并输入密码，如图 13-18 所示，在弹出的确认对话框中，再次输入密码并单击"确定"按钮。

图 13-17 "更改"功能组

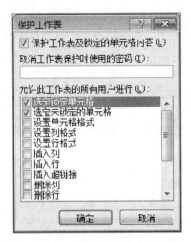

图 13-18   "保护工作表"对话框

项目实战

按项目要求，设置工作表"蓝盾股份"保护密码为"bluedon"。

9. 撤消工作表保护

选择"审阅"选项卡，在"更改"组中单击"撤消工作表保护"按钮，如图 13-19 所示，在弹出的"撤消工作表保护"对话框中输入密码，单击"确定"按钮。

图 13-19   "撤消工作表保护"按钮

综合实训 13

1. 创建公司费用支出情况表

项目要求

完成文件的创建、录入、修改，工作表的复制和重命名等操作，如图 13-20 所示。

（1）新建表格：新建工作簿文件，在 Sheet1 表中，按样文录入所示内容。

（2）复制表格：将 Sheet1 表内数据复制到 Sheet2 表。

（3）格式处理：合并标题行，为表格加边框，内容居中排列。

（4）重命名：将 Sheet2 表命名为"费用支出情况表"。

（5）修改数据：删除 Sheet1 表中的 A6 单元格内容。

（6）隐藏工作表：将 Sheet3 表隐藏。

（7）工作表保护：对 Sheet1 表设置保护密码"abc"。

（8）保存文件：类型为 Excel 97-2003 工作簿，命名"综合实训 13-1 公司费用支出表（97-2003）"。

项目样文

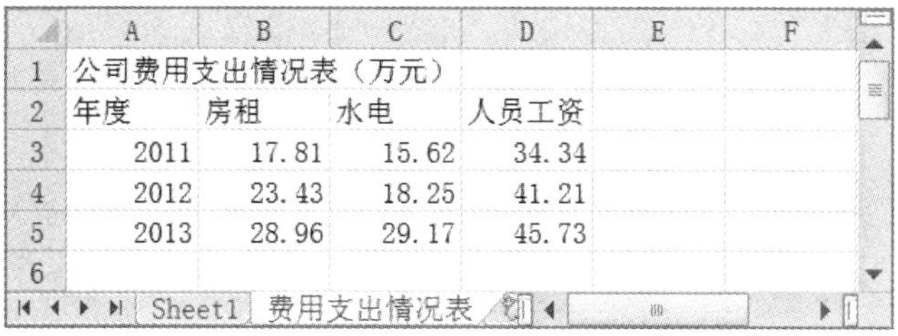

	A	B	C	D	E	F
1	公司费用支出情况表（万元）					
2	年度	房租	水电	人员工资		
3	2011	17.81	15.62	34.34		
4	2012	23.43	18.25	41.21		
5	2013	28.96	29.17	45.73		
6						

图 13-20 “公司费用支出情况表”项目样文

2. 创建商场销售情况表

项目要求

完成文件的创建、录入、修改，工作表的复制重命名等操作，如图 13-21 样文所示。

（1）新建表格：新建工作簿文件，在 Sheet1 表中，按样文录入所示内容。

（2）复制表格：将 sheet1 表内数据复制到 sheet2 表。

（3）格式处理：合并标题行，为表格加边框，内容居中排列。

（4）重命名：将 sheet2 表命名为“商场销售情况表”。

（5）修改数据：删除 sheet1 表中的第 5 行内容。

（6）标签颜色：将 sheet3 表标签颜色设置为红色。

（7）工作表保护：对 Sheet1 表设置保护密码“abc”。

（8）保存文件：类型“Excel 97-2003 加载宏”，命名“综合实训 13-2 商场销售情况表（97-2003 加载宏）”。

项目样文

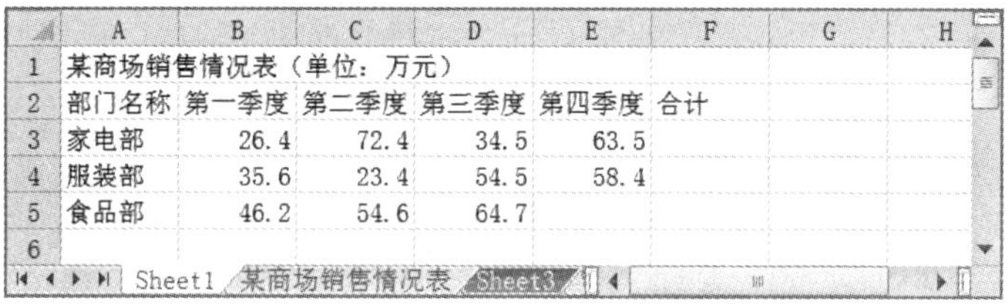

	A	B	C	D	E	F	G	H
1	某商场销售情况表（单位：万元）							
2	部门名称	第一季度	第二季度	第三季度	第四季度	合计		
3	家电部	26.4	72.4	34.5	63.5			
4	服装部	35.6	23.4	54.5	58.4			
5	食品部	46.2	54.6	64.7				
6								

图 13-21 “商场销售情况表”项目样文

3. 创建 2013 中国各姓氏排行表

项目要求

完成文件的创建、录入、修改，工作表的复制重命名等操作，如图 13-22 样文所示。

（1）新建表格：新建工作簿文件，在 Sheet1 表中，按样文录入所示内容。

（2）格式处理：合并标题行，为表格加边框，内容居中排列。

（3）复制工作表：将 Sheet1 表排行前 5 名的数据内容复制到 Sheet2。

（4）重命名：将表 Sheet2 重命名为“排行前 5 名”。

（5）删除工作表：删除 Sheet3 表。

（6）工作表标签颜色：对 Sheet1 表设置标签颜色为黑色。

（7）工作表保护：对 Sheet1 表设置保护密码“abc”。

（8）保存文件：类型“Excel 工作簿”，命名“综合实训 13-3 2013 中国姓氏排行榜”。

项目样文

图 13-22　项目样文

4. 创建广东十大海岛表

项目要求

完成文件的创建、录入、修改，工作表的复制重命名等操作，如图 13-23 样文所示。

（1）新建表格：新建工作簿文件，在 Sheet1 表中，按样文录入所示内容。

（2）格式处理：合并标题行，为表格加边框，内容居中排列。

（3）复制工作表：将 Sheet1 表建立副本移动到最后，将表中后 5 条记录移动到前 5 条的右侧，复制表的列名到新位置处，重新将表标题合并居中。

（4）重命名：将新建工作表命名为"广东十大海岛"。

（5）删除工作表：删除 Sheet3 表。

（6）隐藏工作表：将 Sheet2 表隐藏。

（7）移动工作表：将 Sheet1 表移动到最后。

（8）保存文件：类型"Excel 工作簿"，命名"综合实训 13-4 广东十大海岛（97-2003）"。

图 13-23　项目样文

5. 创建 2014 杀毒软件排行表

项目要求

完成文件的创建、录入、修改，工作表的复制重命名等操作，如图 13-24 样文所示。

（1）新建表格：新建工作簿文件，在 Sheet1 表中，按样文录入所示内容。

（2）格式处理：合并标题行，为表格加边框，内容居中排列。

（3）修改数据：将 B7 单元格修改为 Avira(小红伞)。

（4）复制工作表：将 Sheet1 表复制到新工作表，命名为"2014 杀毒软件排行榜"。

（5）删除工作表：删除 Sheet2 表。

（6）隐藏工作表：将 Sheet3 表隐藏。

（7）标签加颜色：将“2014 杀毒软件排行榜”表的标签颜色设置为红色。

（8）保存文件：类型“Excel 启用宏的工作簿”，命名“综合实训 13-5 2014 杀毒软件排行榜（启用宏）”。

	A	B
1	2014杀毒软件排行榜	
2	排名	软件名称
3	1	360安全卫士
4	2	诺顿
5	3	卡巴基斯
6	4	金山毒霸
7	5	Bitdefender
8	6	Avira小红伞
9	6	AVG
10	8	avast!
11	9	ESET
12	10	腾讯电脑管家
13		

图 13-24　项目样文

项目 14　美化表格——学会制作专家信息表

教学目标

（1）掌握不同类型数据的输入方法（文本、数字、日期、序列等）。

（2）学会对表格进行美化设置（格式、对齐、字体、行高列宽、套用格式、边框等）。

（3）掌握表格打印的设置（纸张、边距、打印区域及预览等）。

项目描述

建立 Excel 文件后，首先要规划出表格布局，确定输入的位置，才能进行数据的输入、表格美化和打印等操作。通过本项目训练，使学生学会各种数据的输入，能够对表格进行美化并打印。项目完成效果如图 14-1 所示。

	A	B	C	D	E	F	G	H
1	专家信息表							
2	序号	姓名	职称	职务	工作单位	邮政编码	报到日期	补贴
3	001	刘仲伟	高工	总经理	安全公司	010000	2014/5/1	¥1,000.00
4	002	孙月	高工	总经理	安全公司	020000	2014/5/2	¥1,000.00
5	003	杨庆旺	教授	博导	大学	030000	2014/5/3	¥1,000.00
6	004	王溪	教授	博导	大学	100000	2014/5/4	¥1,000.00
7	005	黄资炜	高工	总经理	电子公司	100000	2014/5/5	¥1,000.00
8	006	钟锦辉	高工	总经理	电子公司	010000	2014/5/6	¥1,000.00
9	007	黄林	高工	总经理	信息公司	020000	2014/5/7	¥1,000.00
10	008	匡载华	高工	总经理	信息公司	030000	2014/5/8	¥1,000.00
11	009	刘余和	高工	总经理	安全公司	010000	2014/5/9	¥1,000.00
12	010	蔡春桥	高工	总经理	安全公司	010000	2014/5/10	¥1,000.00

图 14-1　项目样文

任务 1　数据输入

Excel 的主要功能是对大量数据进行计算和分析。录入数据是一切工作的前提，表中的数据存放于单元格中，可以是文本、日期、时间、逻辑值、公式、函数等。在单元格输入数据时，数据会同时显示在活动单元格和公式编辑框中，如图 14-2 所示。

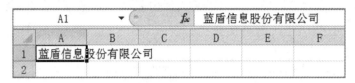

图 14-2　在单元格中输入数据

1. 文本的录入

单击单元格，然后输入文本，当输入文本长宽大于单元格宽度时，文本将溢出到右侧单元格显示。如果右侧单元格有数据，则 Excel 将截断文本的显示，超过的文本被隐藏。

项目实战

启动软件，保存文件到"D:\练习\专家信息表.xlsx"。选定 A2:H12 为表数据区，并加所有框线，输入表的标题和各列名称，如图 14-3 所示。

图 14-3　表格设置边框和输入标题及列名

2. 数字的输入

通常是能参与运算的数字直接输入，不能参与运算的数字（如区号、编号、电话等）输入前加英文单引号，邮编格式自动补齐数字左边 0 到 6 位数字，如图 14-4 所示。

图 14-4　不同格式下的显示效果

项目实战

按项目要求，完成序号、姓名和邮编的输入，如图 14-5 所示。

	A	B	C	D	E	F	G	H
1	专家信息表							
2	序号	姓名	职称	职务	工作单位	邮政编码	报到日期	补贴
3	001	刘仲伟				010000		
4	002	孙月				020000		
5	003	杨庆旺				030000		
6	004	王溪				100000		
7	005	黄资炜				100000		
8	006	钟锦辉				010000		
9	007	黄林				020000		
10	008	匡载华				030000		
11	009	刘余和				010000		
12	010	蔡春桥				010000		

素材　效果

图 14-5　输入文本和邮编等内容

3. 时间和日期的输入

单元格能自动将可识别的数据转成相应的时间或日期格式，如输入 2020-10-20，则自动显示为 2020/10/20。

项目实战

按项目要求，完成日期的输入，如图 14-6 所示。

	A	B	C	D	E	F	G	H
1	专家信息表							
2	序号	姓名	职称	职务	工作单位	邮政编码	报到日期	补贴
3	001	刘仲伟				010000	2014/5/1	
4	002	孙月				020000	2014/5/2	
5	003	杨庆旺				030000	2014/5/3	
6	004	王溪				100000	2014/5/4	
7	005	黄资炜				100000	2014/5/5	
8	006	钟锦辉				010000	2014/5/6	
9	007	黄林				020000	2014/5/7	
10	008	匡载华				030000	2014/5/8	
11	009	刘余和				010000	2014/5/9	
12	010	蔡春桥				010000	2014/5/10	

素材　效果

图 14-6　“日期型数据”输入

4. 快速填充相同数据

选中要填充的区域（相邻或不相邻），输入要填充的内容，按 Ctrl+Enter 组合键。

项目实战

完成表中相同数据的录入，如图 14-7 所示。

	A	B	C	D	E	F	G	H
1	专家信息表							
2	序号	姓名	职称	职务	工作单位	邮政编码	报到日期	补贴
3	001	刘仲伟	高工	总经理	安全公司	010000	2014/5/1	1000
4	002	孙月	高工	总经理	安全公司	020000	2014/5/2	1000
5	003	杨庆旺	教授	博导	大学	030000	2014/5/3	1000
6	004	王溪	教授	博导	大学	100000	2014/5/4	1000
7	005	黄资炜	高工	总经理	电子公司	100000	2014/5/5	1000
8	006	钟锦辉	高工	总经理	电子公司	010000	2014/5/6	1000
9	007	黄林	高工	总经理	信息公司	020000	2014/5/7	1000
10	008	匡载华	高工	总经理	信息公司	030000	2014/5/8	1000
11	009	刘余和	高工	总经理	安全公司	010000	2014/5/9	1000
12	010	蔡春桥	高工	总经理	安全公司	010000	2014/5/10	1000

素材　效果

图 14-7　填充相同数据内容

5. 填充序列

将光标移动到单元格的右下角，光标变为细的黑十字形时拖动鼠标。如果单元格中输入的内容是自定义序列中列出的，如图 14-8 所示，则按序列填充；否则用单元格内容填充。如果是等差、等比、时间序列等，可选按规律变化填充，如图 14-9 所示。

打开自定义序列的操作：文件→选项→高级→编辑自定义列表。

图 14-8　"自定义序列"对话框

图 14-9　"序列"填充

项目实战

删除区域 A3:A12 和 G3:H12 中的数据，用序列的方法重新录入。

任务 2　美化表格

对表的美化包括设置数字类型，设置字体、对齐、边框和填充等。

1. 设置单元格数字类型

选择"开始"选项卡，在"数字"组中"常规"的下拉列表中，可设置单元格格式为常规、数字、货币、会计专用、短日期、长日期、时间、百分比、分数、科学计数、文本。还可选其他格式，弹出"设置单元格格式"对话框（在单元格右击鼠标也可调出），如图 14-10 所示，可对单元格进行全面设置。

图 14-10　"设置单元格格式"对话框

项目实战

设置区域 H3:H12 类型为货币，调整表的列宽度，使内容完全显示出来，效果如图 14-11 所示。

	A	B	C	D	E	F	G	H
1	专家信息表							
2	序号	姓名	职称	职务	工作单位	邮政编码	报到日期	补贴
3	001	刘仲伟	高工	总经理	安全公司	010000	2014/5/1	¥1,000.00
4	002	孙月	高工	总经理	安全公司	020000	2014/5/2	¥1,000.00
5	003	杨庆旺	教授	博导	大学	030000	2014/5/3	¥1,000.00
6	004	王溪	教授	博导	大学	100000	2014/5/4	¥1,000.00
7	005	黄资炜	高工	总经理	电子公司	100000	2014/5/5	¥1,000.00
8	006	钟锦辉	高工	总经理	电子公司	020000	2014/5/6	¥1,000.00
9	007	黄林	高工	总经理	信息公司	020000	2014/5/7	¥1,000.00
10	008	匡载华	高工	总经理	信息公司	030000	2014/5/8	¥1,000.00
11	009	刘余和	高工	总经理	安全公司	010000	2014/5/9	¥1,000.00
12	010	蔡春桥	高工	总经理	安全公司	010000	2014/5/10	¥1,000.00

图 14-11　设置表中数据类型

2. 设置对齐方式

对标题所在行一般先做合并居中处理，根据表中数据区的大小确定标题行所选区域的范围，选择"开始"选项卡，单击"对齐方式"组中的"合并与居中"按钮。对单元格可选水平对齐方式（文本左对齐、居中、文本右对齐）和垂直对齐方式（顶端对齐、垂直居中、底端对齐）的六种组合。表格中文本的对齐方式如图 14-12 所示。

图 14-12　"对齐方式"组

项目实战

合并标题所在行，选择整个表格，设置各单元格水平居中、垂直居中，如图 14-13 所示。

图 14-13　合并居中及对齐设置

3. 设置字体、行高和列宽

表中的字体可以选择"开始"选项卡的"字体"组进行设置。行高和列宽可以手动拖动，在行或列标上右击，选择行高或列宽。选择"开始"选项卡的"单元格"功能组，在"格式"按钮的下拉菜单中进行设置。

项目实战

设置标题，字体为黑体，大小 22，行高 40。其他行字体为华文楷体，大小 12，行高 18，区域 A2:H2 加粗。自动调整所有列宽，效果如图 14-14 所示。

图 14-14　设置字体、行高和列宽

4. 套用格式

单击表格内的任意一个单元格，选择"开始"选项卡，在"样式"组中单击"套用表格"样式，如图 14-15 所示，在弹出的列表中选择一种表样式，再根据需要选择好区域即可。如果不需使用筛选功能，可选择"数据"选项卡，在"排序和筛选"组中单击筛选即可，如图 14-16 所示。

项目实战

套用表样式中等深浅 1，选数据源区域 A2:H12，选包含标题，取消数据筛选，效果如图 14-17 所示。

图 14-15　"套用表格格式"按钮　　　　　图 14-16　"排序和筛选"功能组

序号	姓名	职称	职务	工作单位	邮政编码	报到日期	补贴
001	刘仲伟	高工	总经理	安全公司	010000	2014/5/1	¥1,000.00
002	孙月	高工	总经理	安全公司	020000	2014/5/2	¥1,000.00
003	杨庆旺	教授	博导	大学	030000	2014/5/3	¥1,000.00
004	王溪	教授	博导	大学	100000	2014/5/4	¥1,000.00
005	黄资炜	高工	总经理	电子公司	100000	2014/5/5	¥1,000.00
006	钟锦辉	高工	总经理	电子公司	010000	2014/5/6	¥1,000.00
007	黄林	高工	总经理	信息公司	020000	2014/5/7	¥1,000.00
008	匡载华	高工	总经理	信息公司	030000	2014/5/8	¥1,000.00
009	刘余和	高工	总经理	安全公司	010000	2014/5/9	¥1,000.00
010	蔡春桥	高工	总经理	安全公司	010000	2014/5/10	¥1,000.00

专家信息表

图 14-17　套用样式、取消筛选

5. 设置边框

先单击表格工具"设计"选项卡"工具"组中的"转换为区域"按钮，将表转为区域，再利用"开始"选项卡"字体"组中的"边框"选项卡设置边框，或是在"设置单元格格式中"设置。

选取需要的线条的样式和颜色，在预置中选择是外边框还是内部，在"预览"中单击，去掉或增加应用的框线，单击"确定"按钮，如图 14-18 所示。也可以通过边框中绘制边框部分来绘制，选择线型、线条颜色，再用绘图边框工具手动画边框，如图 14-19 所示。

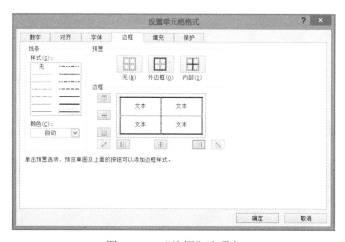

图 14-18　"边框"选项卡

图 14-19 "边框工具按钮"中的绘制边框部分

项目实战

外边框线条为样式的第 2 列倒数第 1 个，内边框横线为第 2 列正数第 1 个，竖线为第 1 列正数第 2 个，第一行用浅绿色填充，效果如图 14-20 所示。

序号	姓名	职称	职务	工作单位	邮政编码	报到日期	补贴
专家信息表							
001	刘仲伟	高工	总经理	安全公司	010000	2014/5/1	¥1,000.00
002	孙月	高工	总经理	安全公司	020000	2014/5/2	¥1,000.00
003	杨庆旺	教授	博导	大学	030000	2014/5/3	¥1,000.00
004	王溪	教授	博导	大学	100000	2014/5/4	¥1,000.00
005	黄贵炜	高工	总经理	电子公司	100000	2014/5/5	¥1,000.00
006	钟锦辉	高工	总经理	电子公司	010000	2014/5/6	¥1,000.00
007	黄林	高工	总经理	信息公司	020000	2014/5/7	¥1,000.00
008	匡载华	高工	总经理	信息公司	030000	2014/5/8	¥1,000.00
009	刘余和	高工	总经理	安全公司	010000	2014/5/9	¥1,000.00
010	蔡春桥	高工	总经理	安全公司	010000	2014/5/10	¥1,000.00

图 14-20 设置"边框"后的效果

任务 3 打印表格

1. 设置页边距

可以单击页面设置的"页边距"按钮，如图 14-21 所示，可选普通、宽和窄，如有个性化要求，单击"自定义页边距"按钮，如图 14-22 所示。

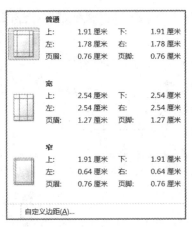

图 14-21 "页边距设置"对话框

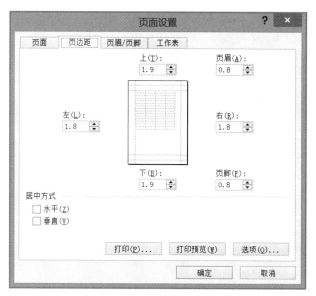

图 14-22　"页边距"选项卡

2.　设置纸张大小和方向

方向有纵向和横向，大小通常使用 A4，根据需要可选择缩放，将表格在指定的页宽和页高中打印出来，如图 14-23 所示。

图 14-23　"页面"选项卡

3.　设置打印区域及预览

首先要选中要打印的区域，选择"页面布局"→"打印区域"→"设置打印区域"命令，如图 14-24 所示。

项目实战

选中表中有数据内容并设置为打印区域，设置纸张大小为 B5，方向为纵向，缩放为调整为一页，边距先选窄，再修改左边距为 1.5 厘米，单击"打印预览"按钮查看打印效果。

图 14-24　"打印区域"设置

综合实训 14

1. 蓝盾股份前十大流通股

项目要求

按样文美化表格如图 14-25 样文所示。

（1）合并单元格：按样文，合并相关单元格。

（2）设置单元格格式：A 列和 F 列为文本，C 列为数字，D 列为百分比，G 列为长日期。

（3）填充数据：按样文，填充序号和时间，B10 等按 Alt+Enter 组合键换行。

（4）对齐方式：所有单元格水平、垂直居中。

（5）文字：第 1 行文字为华文隶书、26、加粗、红色；第 2 行文字为黑体、12、加粗；其他文字为宋体，11，黑色。

（6）调整行高和列宽：第 1 行，行高 40；第 2 至 12 行，行高 36，手动调整列宽。

（7）设置边框：内部选择所有框线，外部选择组匣框线。

（8）表格样式：在"套用表格格式"组中选择"表样式深色 11"。

（9）打印设置：纸张为 A4，纵向，正常边距，调整为一页。

项目样文

序号	机构或基金名称	持有数量(万股)	占流通股比例(%)	增减情况(万股)	股份类型	公布时间
		蓝盾股份前十大流通股				
1	深圳市博益投资发展有限公司	1825.80	1643.00%	不变	流通A股	2014年3月31日
2	华泰证券股份有限公司约定购回专用账户	774.20	697.00%	不变	流通A股	2014年3月31日
3	田泽训	288.88	260.00%	新进	流通A股	2014年3月31日
4	林仙琴	220.10	198.00%	新进	流通A股	2014年3月31日
5	陈娟娟	190.48	171.00%	新进	流通A股	2014年3月31日
6	潘加波	173.45	156.00%	新进	流通A股	2014年3月31日
7	黄秀玉	153.22	138.00%	新进	流通A股	2014年3月31日
8	中国建设银行-华商价值共享灵活配置混合型发起式证券投资基金	151.48	136.00%	-35.26	流通A股	2014年3月31日
9	中国民生银行股份有限公司-华商领先企业混合型证券投资基金	131.10	118.00%	-36.07	流通A股	2014年3月31日
10	中国民生银行-华商策略精选灵活配置混合型证券投资基金	127.94	115.00%	-38.38	流通A股	2014年3月31日

图 14-25　"蓝盾股份前十大流通股"项目样文

2. 蓝盾股份经营分析表

项目要求

按样文美化表格如图 14-26 样文所示。

（1）插入行，输入标题为蓝盾股份经营分析表。

（2）合并单元格：按样文，合并相关单元格。

（3）设置单元格格式：A 列和 B 列为文本，C 列和 E 为数字，D、F、G、H 列为百分比。

（4）对齐：所有单元格水平、垂直居中。

（5）文字：第 1 行文字为隶书、26、加粗、紫色；第 2 行文字为华文楷体、12、加粗；其他文字为仿宋，11，蓝色。

（6）调整行高和列宽：第 1 行，行高 35；其他行高 18；A 列宽为 4，其他列宽自动调整。

（7）表格样式：在“套用表格格式”组中选择“表样式中等深色 7”。

（8）取消表格筛选，将表转换为区域，对 A2:B2 区域合并单元格，对 A3:A8 区域和 A9:A11 区域合并单元格，手动调整单元格宽度。

（9）打印设置：纸张 B5，横向，正常边距，无缩放。

项目样文

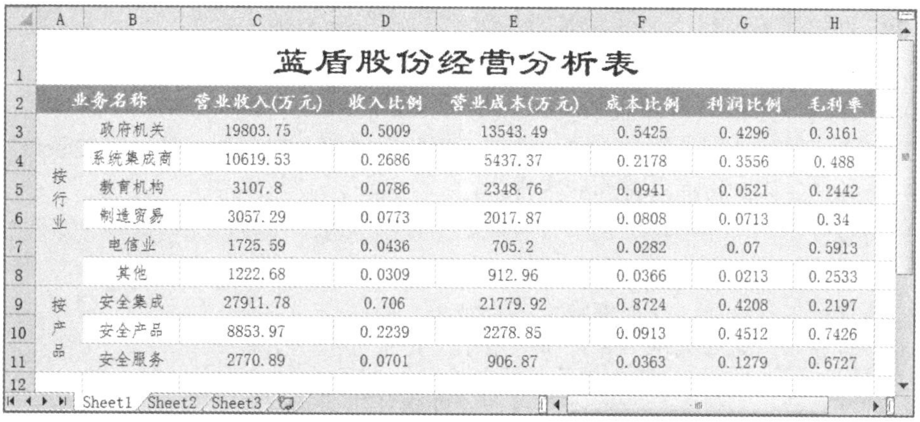

蓝盾股份经营分析表

业务名称		营业收入(万元)	收入比例	营业成本(万元)	成本比例	利润比例	毛利率
按行业	政府机关	19803.75	0.5009	13543.49	0.5425	0.4296	0.3161
	系统集成商	10619.53	0.2686	5437.37	0.2178	0.3556	0.488
	教育机构	3107.8	0.0786	2348.76	0.0941	0.0521	0.2442
	制造贸易	3057.29	0.0773	2017.87	0.0808	0.0713	0.34
	电信业	1725.59	0.0436	705.2	0.0282	0.07	0.5913
	其他	1222.68	0.0309	912.96	0.0366	0.0213	0.2533
按产品	安全集成	27911.78	0.706	21779.92	0.8724	0.4208	0.2197
	安全产品	8853.97	0.2239	2278.85	0.0913	0.4512	0.7426
	安全服务	2770.89	0.0701	906.87	0.0363	0.1279	0.6727

Sheet1　Sheet2　Sheet3

图 14-26　“蓝盾股份经营分析表”项目样文

3. 全球十大现役航母

项目要求

按样文美化表格如图 14-27 所示。

（1）建表、复制：创建表 Sheet2，将素材中区域 A1:E11 的内容复制到表 Sheet2 中的相应位置。

（2）插入行列：在 A1 单元格处插入行和列，在 A1 单元格输入“全球十大现役航母”，在 A2 单元格输入“序号”，用序列填充。

（3）合并单元格：按样文，合并相关单元格。

（4）设置单元格格式：D 列为数字。

（5）对齐：所有单元格水平垂直居中。

（6）文字：标题隶书，24，其他文字楷体，14，第一行文字加粗。

（7）行高列宽：标题行高 40，其他行自动调整行高，第 1 列宽 5，第 2 列宽 30，其他列宽 15。

（8）边框：内部选择所有框线，外部选择组匣框线。

（9）打印设置：纸张 B5，纵向，宽边。

项目样文

全球十大现役航母					
序号	类型	国别	排量	长度	舰载机
1	福特级	美国	10.00	355	85
2	改良尼米兹	美国	10.00	332	80
3	库兹涅佐夫号	俄罗斯	6.00	305	40
4	辽宁舰	中国	6.00	305	50
5	伊丽莎白王级	英国	6.50	284	40
6	戴高乐	法国	4.10	262	40
7	维克拉玛蒂亚号	印度	4.50	273	30
8	圣保罗号	巴西	3.40	265	40
9	加富尔	意大利	2.70	244	20
10	查克里纳吕贝号	泰国	1.15	182	30

图 14-27 “全球十大现役航母”项目样文

4. 2014 年广东国民经济主要指标

项目要求

按样文美化表格如图 14-28 所示。

（1）建表、复制：创建表 Sheet2，将表“素材”中的内容全部复制到表 Sheet2 中。

（2）合并单元格：按样文合并标题行。

（3）初步设置：自动调整列宽，对数据区加所有框线，所有单元格水平、垂直居中。

（4）序列填充：填充年份字段。

（5）设置单元格格式：D 列为数字，右对齐。

（6）表格样式：在“套用表格格式”组中选择“表样式中等深浅 9”。

（7）合并表格：先将表格转为区域，合并标题行和相同内容区域。

（8）格式设置：标题华文细黑，24，第一行文字黑体、12、加粗，其他文字仿宋、12，标题行高 28，其他行高 18。

项目样文

2014年广东国民经济主要指标				
年份	类别	明细	数据	增长率
2014	固定资产投资	全社会固定资产投资	22858.53	18.3
		基础设施	5498.55	17.7
		城市建设	2204.62	21.4
		房地产开发	6519.47	21.8
	对外经济	进出口总额	863.00	-9.8
		出口总额	533.70	-3.8
		进口总额	329.30	-18.1
	工业	规模以上工业增加值	25647.24	8.7
		重工业	15944.33	9.3
		股份制企业	10743.56	10.9

图 14-28 “2014 年广东国民经济主要指标”项目样文

5. 宏图公司 2013 年图书销售情况统计表

项目要求

按样文美化表格如图 14-29 所示。

（1）复制并重命名工作表：建立表 Sheet1 副本，并命名为“宏图公司（2013 年）图书销售情况统计表”

（2）行列设置：将“水利类”列移至表格最后列，删除“金水区书苑”行下方空行。

（3）合并单元格：按样文，合并单元格区域 B2:G2。

（4）字体：标题“华文彩云，18，绿色”，其他文字“华文宋体，12”，第一行文字加粗。

（5）表格样式：在选择“套用表格格式”组中选择“表格样式中等深浅 27”。

（6）表格设置：先将表格转为区域，合并标题行区域，设置标题行高 30，其他行高 20。

（7）边框：外部选择组匣框线。

（8）打印设置：设置打印标题$2:$3,纸张 B5，横向，宽边。

项目样文

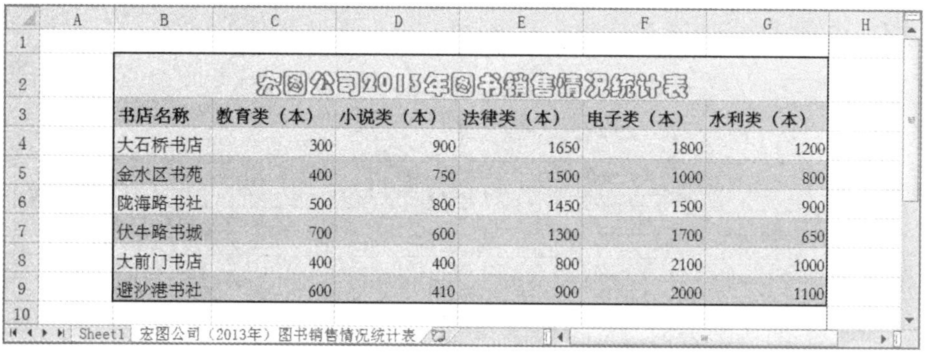

宏图公司2013年图书销售情况统计表

书店名称	教育类（本）	小说类（本）	法律类（本）	电子类（本）	水利类（本）
大石桥书店	300	900	1650	1800	1200
金水区书苑	400	750	1500	1000	800
陇海路书社	500	800	1450	1500	900
伏牛路书城	700	600	1300	1700	650
大前门书店	400	400	800	2100	1000
避沙港书社	600	410	900	2000	1100

图 14-29　“宏图公司 2013 年图书销售情况统计表”项目样文

项目 15　公式应用——学会制作股份变动表

教学目标

（1）熟练掌握公式的使用（编辑、复制、显示、隐藏、检查审核等）。

（2）学会使用单元格的引用（相对、绝对、混合）。

（3）学会设置公式中数据的计算（自动、手动）。

项目描述

公式与函数是 Excel 应用的一大亮点，可以使计算工作变得简单方便。通过本项目训练，使学生学会公式录入、编辑、复制、审核等，理解单元格的相对、绝对和混合地址引用。项目完成效果如图 15-1 所示。

任务 1　公式应用

公式最前面是等号，后面是参与计算的元素和运算符，元素可以是常量、引用单元格区域和函数等。

图 15-1   项目样文

1. 编辑公式

选中单元格，输入等号，再依次输入运算的元素和运算符，按 Enter 键确认。如需修改，单击编辑栏，输入更改的内容，然后单击编辑栏上的"对号"按钮即可。

项目实战

按项目要求输入公式，隐藏 D、E 列，如图 15-2 所示。

图 15-2   输入公式后的项目样文

2. 复制公式

可以用单元格复制和粘贴命令、快捷方式、拖动"填充柄"方法，覆盖需要公式的单元格，轻松实现公式的复制。

项目实战

按项目要求复制公式，如图 15-3 所示。

图 15-3   复制公式后的项目样文

3. 公式显示与隐藏及常见问题

可按 Ctrl+～组合键，在公式与公式值间转换。

常见错误提示：引用无效单元格（#REF!）、被零除（#DIV/0!）、引用了不能识别的名称（#NAME?）等。

项目实战

按项目要求显示公式，调整表列，如图 15-4 所示。

	A	B	C	F	G	H	I	J
1	蓝盾股份2013年报股份变动情况表							
2							单位：股	
3		本次变动前		本次变动增减（＋，－）			本次变动后	
4		数量	比例(%)	公积金转股	其他	小计	数量	比例(%)
5	一、有限售条件股份	73500000		42445950	-31054050	=D5+E5+F5+G5	=B5+H5	
6	3、其他内资持股	73500000		42445950	-31054050	=D6+E6+F6+G6	=B6+H6	
7	其中：境内法人持股	23450000		1950000	-21500000	=D7+E7+F7+G7	=B7+H7	
8	境内自然人持股	50050000		40495950	-9554050	=D8+E8+F8+G8	=B8+H8	
9	二、无限售条件股份	24500000		55554050	31054050	=D9+E9+F9+G9	=B9+H9	
10	1、人民币普通股	24500000		55554050	31054050	=D10+E10+F10+G10	=B10+H10	
11	三、股份总数	=B5+B9		=F5+F9	=G5+G9	=H5+H9	=I5+I9	

图 15-4　显示公式后的项目样文

4. 公式审核

选择要审核的单元格，单击"公式"选项卡，在"公式审核"组中单击"追踪引用单元格"按钮，查看引用单元格；也可查从属单元格或移去查看箭头，如图 15-5 所示。

图 15-5　"公式审核"组

项目实战

按项目要求查看 B11 引用单元格及 H3 从属单元格，如图 15-6 所示。

	A	B	C	F	G	H	I	J
1	蓝盾股份2013年报股份变动情况表							
2							单位：股	
3		本次变动前		本次变动增减（＋，－）			本次变动后	
4		数量	比例(%)	公积金转股	其他	小计	数量	比例(%)
5	一、有限售条件股份	73,500,000		42,445,950	-31,054,050	11,391,900	84,891,900	
6	3、其他内资持股	73,500,000		42,445,950	-31,054,050	11,391,900	84,891,900	
7	其中：境内法人持股	23,450,000		1,950,000	-21,500,000	-19,550,000	3,900,000	
8	境内自然人持股	50,050,000		40,495,950	-9,554,050	30,941,900	80,991,900	
9	二、无限售条件股份	24,500,000		55,554,050	31,054,050	86,608,100	111,108,100	
10	1、人民币普通股	24,500,000		55,554,050	31,054,050	86,608,100	111,108,100	
11	三、股份总数	98,000,000		98,000,000	0	98,000,000	196,000,000	

图 15-6　公式审核状态的项目样文

任务 2　地址引用

单元格引用是指用单元格所在的"列标"和"行号"，表示其在工作表中的位置。单元格引用包括"相对引用"、"绝对引用"和"混合引用"三种。在使用工作表计算时，通常会用复制或移动公式的方法，会涉及单元格的不同引用方式。

1. 相对引用

相对引用是指用单元格所在的"列标"和"行号"作为其引用，将相应的计算公式复制或填充到其他单元格时，其中的单元格引用会随着移动的位置相对变化。适用于复制一行或一列中的指定单元格公式。

项目实战

按项目要求，在 C5 单元格输入公式，如图 15-7 所示，复制公式到 C6，查看单元格内公式变化。

A	B	C	F	G	H	I	J
2						单位：股	
3		本次变动前		本次变动增减（＋，－）		本次变动后	
4		数量	比例(%)	公积金转股	其他	小计	数量	比例(%)
5 一、有限售条件股份	73,500,000	75.00%	42,445,950	-31,054,050	11,391,900	84,891,900	
6 3、其他内资持股	73,500,000	#DIV/0!	42,445,950	-31,054,050	11,391,900	84,891,900	
7 其中：境内法人持股	23,450,000		1,950,000	-21,500,000	-19,550,000	3,900,000	
8 境内自然人持股	50,050,000		40,495,950	-9,554,050	30,941,900	80,991,900	
9 二、无限售条件股份	24,500,000		55,554,050	31,054,050	86,608,100	111,108,100	
10 1、人民币普通股	24,500,000		55,554,050	31,054,050	86,608,100	111,108,100	
11 三、股份总数	98,000,000		98,000,000	0	98,000,000	196,000,000	

图 15-7　相对引用效果

2. 绝对引用

绝对引用是在"列标"和"行号"前分别加上符号"$"，将相应的计算公式复制或填充到其他单元格时，其中的单元格引用不会随着移动的位置变化。

项目实战

按项目要求，修改 C5 单元格中公式使用的地址为绝对地址，如图 15-8 所示，复制公式到区域 C5:C11，查看单元格内公式变化。

A	B	C	F	G	H	I	J
2						单位：股	
3		本次变动前		本次变动增减（＋，－）		本次变动后	
4		数量	比例(%)	公积金转股	其他	小计	数量	比例(%)
5 一、有限售条件股份	73,500,000	75.00%	42,445,950	-31,054,050	11,391,900	84,891,900	
6 3、其他内资持股	73,500,000	75.00%	42,445,950	-31,054,050	11,391,900	84,891,900	
7 其中：境内法人持股	23,450,000	23.93%	1,950,000	-21,500,000	-19,550,000	3,900,000	
8 境内自然人持股	50,050,000	51.07%	40,495,950	-9,554,050	30,941,900	80,991,900	
9 二、无限售条件股份	24,500,000	25.00%	55,554,050	31,054,050	86,608,100	111,108,100	
10 1、人民币普通股	24,500,000	25.00%	55,554,050	31,054,050	86,608,100	111,108,100	
11 三、股份总数	98,000,000	100.00%	98,000,000	0	98,000,000	196,000,000	

图 15-8　绝对引用效果

3. 混合引用

混合引用是指绝对列和相对行，或绝对行和相对列，采用$A1 或 B$1。将相应的计算公式复制或填充到其他单元格时，相对引用部分会随着位置的变化而改变，而绝对引用部分不会随着位置的变化而改变。

项目实战

按项目要求，在 J5 单元格输入"＝I5/I$11"，如图 15-9 所示，复制公式到区域 J6:J11，查看单元格内公式变化（绝对行相对列在同一列内复制时，相当于绝对地址复制）。

	A	B	C	F	G	H	I	J
2							单位：股	
3		本次变动前		本次变动增减（＋，－）			本次变动后	
4		数量	比例(%)	公积金转股	其他	小计	数量	比例(%)
5	一、有限售条件股份	73,500,000	75.00%	42,445,950	−31,054,050	11,391,900	84,891,900	43.31%
6	3、其他内资持股	73,500,000	75.00%	42,445,950	−31,054,050	11,391,900	84,891,900	43.31%
7	其中：境内法人持股	23,450,000	23.93%	1,950,000	−21,500,000	−19,550,000	3,900,000	1.99%
8	境内自然人持股	50,050,000	51.07%	40,495,950	−9,554,050	30,941,900	80,991,900	41.32%
9	二、无限售条件股份	24,500,000	25.00%	55,554,050	31,054,050	86,608,100	111,108,100	56.69%
10	1、人民币普通股	24,500,000	25.00%	55,554,050	31,054,050	86,608,100	111,108,100	56.69%
11	三、股份总数	98,000,000	100.00%	98,000,000	0	98,000,000	196,000,000	100.00%

图 15-9　绝对行相对列引用（在同列复制）

项目实战

按项目要求，在 J5 单元格输入"＝I5/$I11"，如图 15-10 所示，复制公式到区域 J6:J11，查看单元格内公式变化（绝对列相对行在同一列内复制时，相当于相对地址复制）。

	A	B	C	F	G	H	I	J
2							单位：股	
3		本次变动前		本次变动增减（＋，－）			本次变动后	
4		数量	比例(%)	公积金转股	其他	小计	数量	比例(%)
5	一、有限售条件股份	73,500,000	75.00%	42,445,950	−31,054,050	11,391,900	84,891,900	43.31%
6	3、其他内资持股	73,500,000	75.00%	42,445,950	−31,054,050	11,391,900	84,891,900	#DIV/0!
7	其中：境内法人持股	23,450,000	23.93%	1,950,000	−21,500,000	−19,550,000	3,900,000	#DIV/0!
8	境内自然人持股	50,050,000	51.07%	40,495,950	−9,554,050	30,941,900	80,991,900	#DIV/0!
9	二、无限售条件股份	24,500,000	25.00%	55,554,050	31,054,050	86,608,100	111,108,100	#DIV/0!
10	1、人民币普通股	24,500,000	25.00%	55,554,050	31,054,050	86,608,100	111,108,100	#DIV/0!
11	三、股份总数	98,000,000	100.00%	98,000,000	0	98,000,000	196,000,000	#DIV/0!

图 15-10　绝对列相对行引用（在同列复制）

项目实战

按项目要求，在 J5 单元格输入"＝I5/$I$11"，完成公式的输入和复制，查看 B11 单元格的从属及 H5 单元格的引用和从属，为表格加外框，项目效果如图 15-11 所示。

	A	B	C	F	G	H	I	J
1	蓝盾股份2013年报股份变动情况表							
2							单位：股	
3		本次变动前		本次变动增减（＋，－）			本次变动后	
4		数量	比例(%)	公积金转股	其他	小计	数量	比例(%)
5	一、有限售条件股份	73,500,000	75.00%	42,445,950	−31,054,050	11,391,900	84,891,900	43.31%
6	3、其他内资持股	73,500,000	75.00%	42,445,950	−31,054,050	11,391,900	84,891,900	43.31%
7	其中：境内法人持股	23,450,000	23.93%	1,950,000	−21,500,000	−19,550,000	3,900,000	1.99%
8	境内自然人持股	50,050,000	51.07%	40,495,950	−9,554,050	30,941,900	80,991,900	41.32%
9	二、无限售条件股份	24,500,000	25.00%	55,554,050	31,054,050	86,608,100	111,108,100	56.69%
10	1、人民币普通股	24,500,000	25.00%	55,554,050	31,054,050	86,608,100	111,108,100	56.69%
11	三、股份总数	98,000,000	100.00%	98,000,000	0	98,000,000	196,000,000	100.00%

图 15-11　"蓝盾股份 2013 年报股份变动情表"项目样文

任务 3　公式计算

当表中计算量特别大时，选择“公式”选项卡，在“计算”组中单击“计算选项”按钮，在下拉列表中选择“手动”选项，可设置成手动模式，如图 15-12 所示，需要计算时单击“开始计算”按钮。

图 15-12　计算选项

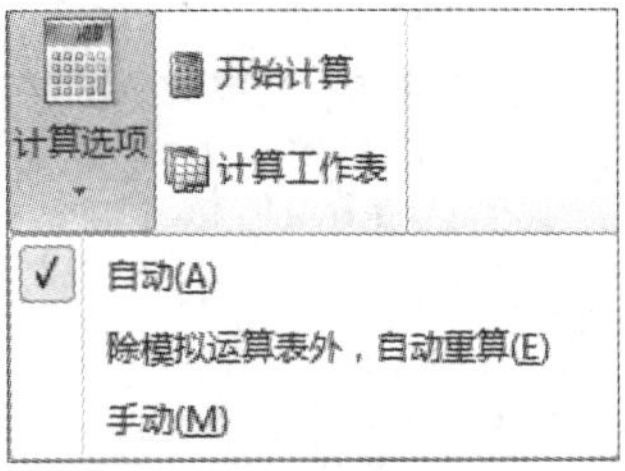

项目实战

按项目要求修改计算模式为手动，修改部分数据，观察相关数据是否变化，单击“开始计算”按钮，再观察数据。

综合实训 15

1. 企业销售表

项目要求

按样文完成企业销售表如图 15-13 所示。

（1）格式调整：合并 A11:C11 和 A12:C12，设置区域 C3:C9 E3:E9 F3:F9 类型为百分比。

（2）公式输入：完成 D11 和 D12 的求和输入。

（3）公式输入：在 C3、E3 单元格，使用 F4 键切换绝对引用地址。

（4）公式输入：在 F3 单元格使用编辑栏编辑。

（5）复制公式：完成表中公式的复制。

（6）公式审核：追踪 D11 的引用单元格

（7）公式审核：追踪 D12 的从属单元格和引用单元格。

（8）计算选项：设置计算选项为手动，修改表中数据值，观察数据是否变化，按 F9 键开始计算，观察数据是否变化。撤消上述操作，修改设置为自动。

项目样文

	A	B	C	D	E	F
1	蓝盾股份销售表					
2	地区	营业收入(万元)	收入比例	营业成本(万元)	成本比例	毛利率
3	华南	35858.52	90.70%	22843.88	91.50%	36.29%
4	华北	1591.07	4.02%	1148.87	4.60%	27.79%
5	西北	965.14	2.44%	410.13	1.64%	57.51%
6	华中	740.92	1.87%	422.66	1.69%	42.95%
7	华东	299.00	0.76%	113.20	0.45%	62.14%
8	西南	46.17	0.12%	14.04	0.06%	69.59%
9	东北	35.81	0.09%	12.84	0.05%	64.14%
10						
11			总营业收入	39536.63		
12			总营业成本	24965.62		

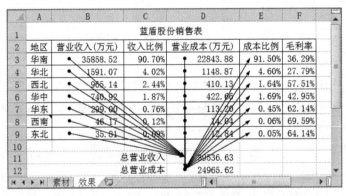

图 15-13　“蓝盾股份销售表”项目样文

2. 各车间产品合格情况表

项目要求

按样文完成各车间产品合格情况表如图 15-14 所示。

（1）格式设置：设置区域 F3:F10 类型为百分比，设置区域 E3:E10 小数位为 0。

（2）公式输入：完成 C12、C13 单元的求和输入。

（3）公式输入：完成 E3 单元格的输入。

（4）公式输入：在 F3 单元格，使用编辑栏编辑完成合格率公式输入。

（5）计算选项：设置计算选项为手动，

（6）复制公式：完成表中公式的复制，选中单元格，在编辑栏中检查公式的内容，按 F9 键开始计算，数据值正确，将计算选项改为自动。

（7）公式审核：追踪 C3 的从属单元格

（8）公式审核：追踪 D13 的引用单元格。

项目样文

各车间产品合格情况表					
车间	产品型号	不合格产品(个)	合格产品(个)	总数(个)	合格率
第一车间	G-06	132	4856	4988	97%
第二车间	G-06	65	6235	6300	99%
第三车间	G-07	238	4953	5191	95%
第四车间	G-07	252	5364	5616	96%
第五车间	G-05	342	6245	6587	95%
第六车间	G-05	108	6874	6982	98%
第七车间	G-06	154	9854	10008	98%
第八车间	G-07	55	5666	5721	99%
不合格产品总数		1346			
合格产品总数		50047			

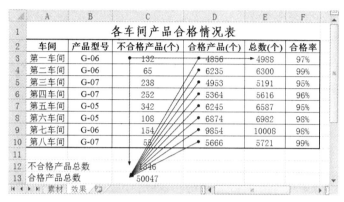

图 15-14　“各车间产品合格情况表”项目样文

3. 2013 全球智能手机出货量

项目要求

如图 15-15 样文所示，按样文完成企业销售表。

（1）格式设置：设置区域 C3:C9 和 E3:F9 类型为百分比。

（2）公式输入：完成 B9 和 D9 的求和输入。

（3）公式输入：在 C3、E3 单元格，使用 F4 键切换绝对引用地址。

（4）公式输入：在 F3 单元格使用编辑栏编辑。

（5）复制公式：完成表中公式的复制。

（6）公式审核：追踪 D3 的从属单元格。

（7）公式审核：追踪 B9 的从属单元格和引用单元格。

（8）计算选项：设置计算选项为手动，修改表中数据值，观察数据是否变化，按 F9 键开始计算，观察数据是否变化。撤消上述操作，修改设置为自动。

项目样文

2013全球智能手机出货量（单位:百万 ）					
供应商	2013装运数量	2013市场份额	2012装运数量	2012市场份额	同比变化
sansung	313.9	31.26%	219.7	30.30%	42.88%
Apple	153.4	15.28%	135.9	18.74%	12.88%
Huawei	48.8	4.86%	29.1	4.01%	67.70%
LG	47.7	4.75%	26.3	3.63%	81.37%
Lenovo	45.5	4.53%	23.7	3.27%	91.98%
Others	394.9	39.32%	290.5	40.06%	35.94%
合计	1004.2	100.00%	725.2	100.00%	38.47%

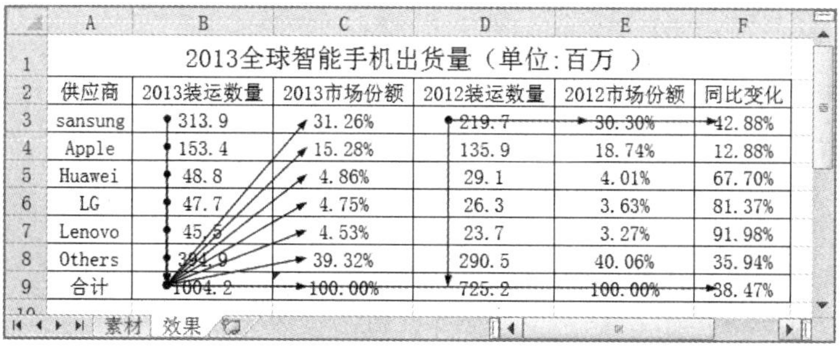

图 15-15　“2013 全球智能手机出货量”项目样文

4. 广东省 2012-2013 年招生情况表

项目要求

如图 15-16 样文所示，按样文完成操作。

（1）格式设置：设置区域 D3:D 和 G3:G12 类型为百分比，B15 单元格数值型。

（2）公式输入：完成 B13 求和输入。

（3）公式输入：完成 B15 求平均值输入。

（4）公式输入：完成 D3 求增长率输入。

（5）复制公式：完成表中公式的复制。

（6）公式审核：追踪 B3 的从属单元格

（7）公式审核：追踪 G12 的引用单元格。

（8）计算选项：设置计算选项为手动，修改表中数据值，观察数据是否变化，按 F9 键开始计算，观察数据是否变化。撤消上述操作，并改设置为自动。

项目样文

A	B	C	D	E	F	G
广东省2012-2013年招生情况表						
指　标	12年招生	13年招生	年增长率	12年在校生	13年在校生	年增长率
研究生教育	2.81	2.87	2.30%	8.16	8.35	2.39%
普通本专科	51.09	52.62	3.00%	121.07	170.99	41.23%
成人本专科	18.91	20.95	10.80%	45.03	51.76	14.94%
网络本专科	3.68	3.78	2.70%	9.27	9.50	2.47%
职业技术教育	49.57	47.49	-4.20%	94.67	140.89	48.83%
普通高中	77.33	73.08	-5.50%	127.89	220.45	72.37%
初中	140.23	129.99	-7.30%	160.85	404.79	151.66%
小学	145.26	150.05	3.30%	340.85	807.94	137.04%
学前教育	154.61	171.00	10.60%	170.27	354.58	108.25%
特殊教育	0.47	0.39	-16.60%	2.17	2.18	0.25%
合计	643.95	652.22		1080.22	2171.43	
2013年招生平均数	64.39					

图 15-16　"广东省 2012-2013 年招生情况表"项目样文

5. 企业员工考核表

项目要求

如图 15-17 样文所示，按样文完成操作。

（1）格式设置：设置表中数据类型为数值小数位 2 位，居中对齐。

（2）公式输入：完成 G4 求和输入。

（3）公式输入：完成 H4 求平均值输入。

（4）公式输入：完成 J4 输入，注意使用绝对地址。

（5）复制公式：完成表中公式的复制，为表格重加外边框。

（6）公式审核：追踪 G11 的从属单元格。

（7）公式审核：追踪 J6 的引用单元格。

（8）计算选项：设置计算选项为手动，修改表中数据值，观察数据是否变化，按 F9 键开始计算，观察数据是否变化。撤消上述操作，修改设置为自动。

项目样文

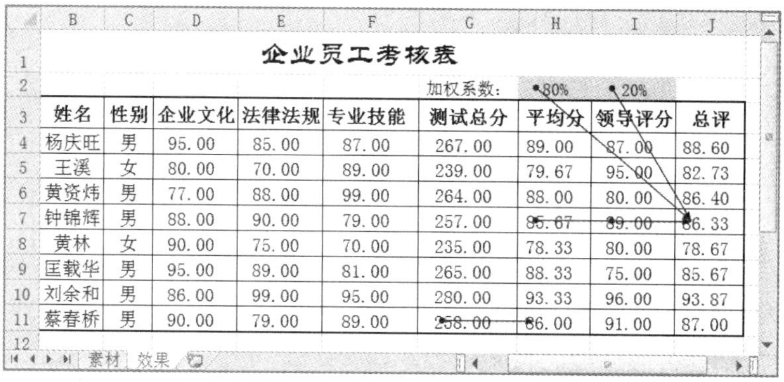

图 15-17　"企业员工考核表"项目样文

项目 16　函数应用——学会制作企业考核表

教学目标

（1）学会函数的输入方法（对话框输入、直接输入、开始选项卡输入）。

（2）掌握常用函数的使用（COUNTA、IF、RANK.EQ 函数等）。

（3）学会复杂函数的使用（名称的使用、函数的嵌套）。

项目描述

公式与函数是 Excel 应用的一大亮点，可以使计算工作变得简单方便。通过本项目训练，使学生学会公式和函数的录入、编辑、复制、审核等，理解单元格的相对、绝对和混合地址引用。项目完成效果如图 16-1 "项目样文"所示。

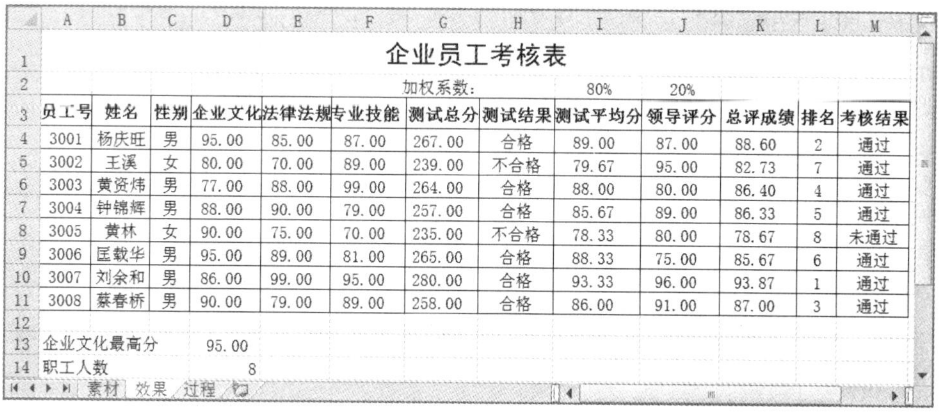

图 16-1　项目样文

任务 1　函数输入

函数是预先定义好具有特定功能的公式，由"＝"、函数名和函数参数组，参数可以是数值、文本和单元格引用地址等组成，用于复杂的运算。下面介绍三种常用函数的输入方法，都可以完成本项目的函数输入。

1. 对话框输入

在"公式"选项卡的"函数库"组中单击"插入函数"按钮，或单击编辑栏前的"插入函数"按钮，打开"插入函数"对话框，如图 16-2 所示，选择要插入的函数，单击"确定"按钮。

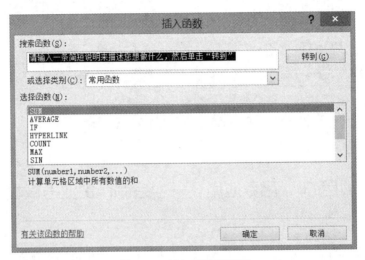

图 16-2　插入函数对话框

项目实战

按项目要求，利用对话框输入方法，输入并复制公式，效果如图 16-3 所示。

	G4			fx	=SUM(D4:F4)			
	A	B	C	D	E	F	G	H
1	企业员工考核表							
2							加权系数：	80%
3	员工号	姓名	性别	企业文化	法律法规	专业技能	测试总分	测试平均分
4	3001	杨庆旺	男	95.00	85.00	87.00	267.00	
5	3002	王溪	女	80.00	70.00	89.00	239.00	
6	3003	黄资炜	男	77.00	88.00	99.00	264.00	
7	3004	钟锦辉	男	88.00	90.00	79.00	257.00	
8	3005	黄林	女	90.00	75.00	70.00	235.00	
9	3006	匡载华	男	95.00	89.00	81.00	265.00	
10	3007	刘余和	男	86.00	99.00	95.00	280.00	
11	3008	蔡春桥	男	90.00	79.00	89.00	258.00	

图 16-3　项目效果

2. 直接输入函数

选择要输入函数的单元格，先输入等号，再输入函数第一个字母，从弹出的列表中选择所需函数，如图 16-4 所示。

			fx	=max				
B		C		D	E	F	G	H
				=max				
				MAX	返回一组数值中的最大值，忽略逻辑值及文本			
				MAXA				

图 16-4　直接输入函数窗口

项目实战

按项目要求，利用直接输入方法输入公式，效果如图 16-5 所示。

	H4		f_x	=AVERAGE(D4:F4)				
	A	B	C	D	E	F	G	H
1	企业员工考核表							
2							加权系数：	80%
3	员工号	姓名	性别	企业文化	法律法规	专业技能	测试总分	测试平均分
4	3001	杨庆旺	男	95.00	85.00	87.00	267.00	89.00
5	3002	王溪	女	80.00	70.00	89.00	239.00	79.67
6	3003	黄资炜	男	77.00	88.00	99.00	264.00	88.00
7	3004	钟锦辉	男	88.00	90.00	79.00	257.00	85.67
8	3005	黄林	女	90.00	75.00	70.00	235.00	78.33
9	3006	匡载华	男	95.00	89.00	81.00	265.00	88.33
10	3007	刘余和	男	86.00	99.00	95.00	280.00	93.33
11	3008	蔡春桥	男	90.00	79.00	89.00	258.00	86.00

图 16-5　项目效果

3. 常用函数输入

在"开始"选项卡上的"编辑"组中单击"自动求和"下拉列表，选择一种常用函数，
设置相应参数，如图 16-6 所示。

图 16-6　"编辑"工作组

项目实战

按项目要求，利用常用函数输入方法，在 D13 单元格显示"企业文化最高分"值，效果
如图 16-7 所示。

	D13		f_x	=MAX(D4:D11)				
	A	B	C	D	E	F	G	H
1	企业员工考核表							
2							加权系数：	80%
3	员工号	姓名	性别	企业文化	法律法规	专业技能	测试总分	测试平均分
4	3001	杨庆旺	男	95.00	85.00	87.00	267.00	89.00
5	3002	王溪	女	80.00	70.00	89.00	239.00	79.67
6	3003	黄资炜	男	77.00	88.00	99.00	264.00	88.00
7	3004	钟锦辉	男	88.00	90.00	79.00	257.00	85.67
8	3005	黄林	女	90.00	75.00	70.00	235.00	78.33
9	3006	匡载华	男	95.00	89.00	81.00	265.00	88.33
10	3007	刘余和	男	86.00	99.00	95.00	280.00	93.33
11	3008	蔡春桥	男	90.00	79.00	89.00	258.00	86.00
12								
13	企业文化最高分			95.00				

图 16-7　项目效果

任务 2　常用函数

1. COUNTA 函数

用于计算区域中非空单元的个数，常用于统计表中记录数，函数参数设置如图 16-8 所示。

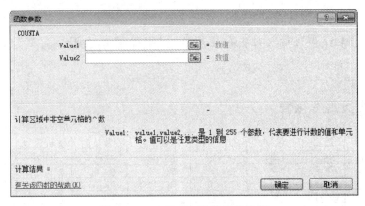

图 16-8　COUNTA 函数参数设置

项目实战

按项目要求，利用统计"姓名"的方法，在 D14 单元格统计记录个数，效果如图 16-9 所示。

			D14		▼ ⊙	f_x	=COUNTA(B4:B11)
	A	B	C	D	E	F	G
1	企业员工考核表						
2							加权系数：
3	员工号	姓名	性别	企业文化	法律法规	专业技能	测试总分
4	3001	杨庆旺	男	95.00	85.00	87.00	267.00
5	3002	王溪	女	80.00	70.00	89.00	239.00
6	3003	黄资炜	男	77.00	88.00	99.00	264.00
7	3004	钟锦辉	男	88.00	90.00	79.00	257.00
8	3005	黄林	女	90.00	75.00	70.00	235.00
9	3006	匡载华	男	95.00	89.00	81.00	265.00
10	3007	刘余和	男	86.00	99.00	95.00	280.00
11	3008	蔡春桥	男	90.00	79.00	89.00	258.00
12							
13		企业文化最高分		95.00			
14		职工人数		8			

图 16-9　项目效果

2．IF 函数

IF 函数是一种常用的逻辑函数，其功能是执行真假判断，返回不同结果。在 Logical_test 中输入逻辑条件，在 Value_if_true 中输入条件成立时的值，在 Value_if_false 中输入条件不成立时的值，函数参数设置如图 16-10 所示。

图 16-10　IF 函数参数设置

项目实战

按项目要求，在测试总分后添加一列，命名为"测试结果"，用 IF 函数对"总分"大于 240 输出合格，否则为不合格，项目效果如图 16-11 所示。

	员工号	姓名	性别	企业文化	法律法规	专业技能	测试总分	测试结果
							加权系数：	
4	3001	杨庆旺	男	95.00	85.00	87.00	267.00	合格
5	3002	王溪	女	80.00	70.00	89.00	239.00	不合格
6	3003	黄资炜	男	77.00	88.00	99.00	264.00	合格
7	3004	钟锦辉	男	88.00	90.00	79.00	257.00	合格
8	3005	黄林	女	90.00	75.00	70.00	235.00	不合格
9	3006	匡载华	男	95.00	89.00	81.00	265.00	合格
10	3007	刘余和	男	86.00	99.00	95.00	280.00	合格
11	3008	蔡春桥	男	90.00	79.00	89.00	258.00	合格

企业员工考核表

H4　=IF(G4>240,"合格","不合格")

图 16-11　项目效果

3. RANK.EQ 函数

此函数的功能是返回某数字在一列数字中的相对其他数值大小的排名，在 Number 中输入要排名的单元格地址，在 Ref 中输入范围区域，一般使用绝对地址，函数设置如图 16-12 所示。

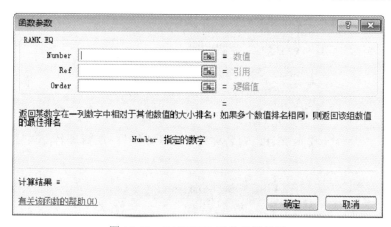

图 16-12　RANK.EQ 函数参数设置

项目实战

按总评成绩中的相对位置进行排名，项目效果如图 16-13 所示。

L4　=RANK.EQ(K4,$K$4:$K$11)

	专业技能	测试总分	测试结果	测试平均分	领导评分	总评成绩	排名	考核结果
2		加权系数：		80%	20%			
4	87.00	267.00	合格	89.00	87.00	88.60	2	
5	89.00	239.00	不合格	79.67	95.00	82.73	7	
6	99.00	264.00	合格	88.00	80.00	86.40	4	
7	79.00	257.00	合格	85.67	89.00	86.33	5	
8	70.00	235.00	不合格	78.33	80.00	78.67	8	
9	81.00	265.00	合格	88.33	75.00	85.67	6	
10	95.00	280.00	合格	93.33	96.00	93.87	1	
11	89.00	258.00	合格	86.00	91.00	87.00	3	

图 16-13　项目效果

任务3　高级应用

1. 名称的使用

如图 16-14 所示，在"公式"选项卡上的"定义名称"组中单击"定义名称"按钮，弹出的"新建名称"对话框，如图 16-15 所示，设置好名称、范围和引用位置即可。

图 16-14　"定义的名称"功能组

图 16-15　"新建名称"对话框

项目实战

按项目要求，设置区域 K4:K11 的名称为"总评成绩"，重新排名，项目效果如图 16-16 所示。

L4				f_x =RANK.EQ(K4,总评成绩)			
	F	G	H	I	J	K	L
1							
2		加权系数：		80%	20%		
3	专业技能	测试总分	测试结果	测试平均分	领导评分	总评成绩	排名
4	87.00	267.00	合格	89.00	87.00	88.60	2
5	89.00	239.00	不合格	79.67	95.00	82.73	7
6	99.00	264.00	合格	88.00	80.00	86.40	4
7	79.00	257.00	合格	85.67	89.00	86.33	5
8	70.00	235.00	不合格	78.33	80.00	78.67	8
9	81.00	265.00	合格	88.33	75.00	85.67	6
10	95.00	280.00	合格	93.33	96.00	93.87	1
11	89.00	258.00	合格	86.00	91.00	87.00	3

图 16-16　名称的使用

2. 函数的嵌套

在特定情况下，将某个公式或函数的返回值作为另一个函数的参数来使用，这一函数就是嵌套。

项目实战

按项目要求，用 SUM(D4:F4)替换 G4，重新设置测试结果列内容，项目效果如图 16-17 所示。

	H4			fx	=IF(SUM(D4:F4)>240,"合格","不合格")				
	A	B	C	D	E	F	G	H	I

企业员工考核表

员工号	姓名	性别	企业文化	法律法规	专业技能	测试总分	测试结果	测试平均分
					加权系数：			80%
3001	杨庆旺	男	95.00	85.00	87.00	267.00	合格	89.00
3002	王溪	女	80.00	70.00	89.00	239.00	不合格	79.67
3003	黄资炜	男	77.00	88.00	99.00	264.00	合格	88.00
3004	钟锦辉	男	88.00	90.00	79.00	257.00	合格	85.67
3005	黄林	女	90.00	75.00	70.00	235.00	不合格	78.33
3006	匡载华	男	95.00	89.00	81.00	265.00	合格	88.33
3007	刘余和	男	86.00	99.00	95.00	280.00	合格	93.33
3008	蔡春桥	男	90.00	79.00	89.00	258.00	合格	86.00

图 16-17　函数嵌套

综合实训 16

1. 企业所得税计算表

项目要求

按样文完成函数应用如图 16-18 所示。

（1）编辑公式：完成 E3 和 H3 单元格的公式输入。

（2）单元格格式：设置 E 列和 H 列数据类型为数值，F 列类型为百分比，所有列居中对齐。

（3）逻辑函数：在 F4 单元格，使用 IF 函数完成税率设置。

（4）名称使用：定义名称"税额"区域范围 H3:H9。

（5）排名函数：在 I3 单元格，使用 RANK.EG 函数完成排名。

（6）计数函数：在 C11 单元格，使用 COUNTA 函数完成个数统计。

（7）统计函数：在 C13 单元格，使用 COUNTIF 函数完成税额小于 500 万的统计。

（8）复制函数：完成表中公式和函数的复制。

项目样文

图 16-18　"企业所得税计算表"项目样文

2. 学生成绩表

项目要求

按样文完成函数应用如图 16-19 所示。

（1）编辑公式：完成 I4 和 J4 单元格的公式输入。

（2）单元格格式：设置总分，数据类型为数值小数位 0 位，设置均分，数据类型为数值小数位 1 位，所有列居中对齐。

（3）逻辑函数：在 K4 单元格，使用 IF 函数，条件平均分大于 60 通过。

（4）复制函数：完成表中公式和函数的复制。

（5）计数函数：在 D12 单元格，使用 COUNTA 函数完成个数统计。

（6）统计函数：在 D14 单元格，使用 COUNTIF 函数完成平均分小于 60 的统计。

（7）条件求和函数：在 D16 单元格，使用 SUMIF 函数完成满足条件求和。

（8）公式审核：查看 D12 和 D16 的引用单元格。

项目样文

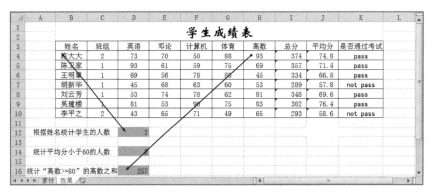

图 16-19   "学生成绩表"项目样文

3. 2014 年 1-4 月股票交割单

项目要求

如图 16-20 样文所示，按样文完成函数应用。

（1）编辑公式：完成 G4 和 H4 单元格的公式输入，佣金是成交金额的 1.5‰，注意使用绝对地址。

（2）单元格格式：设置区域 G4:K10，数据类型为货币无符号，右对齐。

（3）逻辑函数：在 I4 单元格，使用 IF 函数，条件证券买入时无，卖出时是成交金额的 1‰。

（4）逻辑函数：在 J4 单元格，使用 IF 函数，条件证券买入时等于成交金额加佣金之各取负，卖出时等于成交金额减佣金和印花税。

（5）编辑公式：完成 K5 单元格公式输入"＝J4+K4"

（6）复制函数：完成表中公式和函数的复制。

（7）计数函数：在 C14 单元格，使用 COUNTA 函数完成个数统计。

（8）统计函数：在 C12 单元格，使用 COUNTIF 函数完成证券买入次数的统计。

项目样文

4. 企业职工计算机考试成绩

项目要求

如图 16-21 样文所示，按样文完成函数应用。

（1）单元格格式：设置单元格 D14、D16 和区域 F3:H12 的数据类型为数值，小数位 1 位，居中对齐。

	A	B	C	D	E	F	G	H	I	J	K
1	2014年1-4月股票交割单										
2								0.15%	0.10%		
3	成交日期	业务名称	证券代码	证券名称	成交价格	成交数量	成交金额	佣金	印花税	清算金额	剩余金额
4	2014/1/7	证券买入	600297	蓝盾股份	15.5	5000	77,500.00	116.25	0.00	-77,616.25	100,000.00
5	2014/1/10	证券卖出	600297	蓝盾股份	17.5	5000	87,500.00	131.25	87.50	87,281.25	22,383.75
6	2014/1/28	证券买入	600297	蓝盾股份	17.3	4000	69,200.00	103.80	0.00	-69,303.80	109,665.00
7	2014/2/20	证券卖出	600297	蓝盾股份	22.2	4000	88,800.00	133.20	88.80	88,578.00	40,361.20
8	2014/4/1	证券买入	600297	蓝盾股份	16.3	5000	81,500.00	122.25	0.00	-81,622.25	128,939.20
9	2014/4/16	证券卖出	600297	蓝盾股份	18.8	5000	94,000.00	141.00	94.00	93,765.00	47,316.95
10											141,081.95
11											
12	统计证券买入次数		3								
13											
14	统计交易次数		6								

素材　效果

图 16-20　“2014 年 1-4 月股票交割单”项目样文

（2）公式输入：在 H3 单元格输入公式，依据“笔试”和“机考”成绩各占总分的 50%。

（3）嵌套逻辑函数：在 I3 单元格，使用 IF 函数，条件大于 90 优，大于 80 良，大于 60 合格，否则不合格。

（4）复制函数：完成表中公式和函数的复制。

（5）统计函数：在 D14 单元格，使用 AVERAGEIF 函数。

（6）数学函数：在 D16 单元格，使用 SUMIF 函数。

（7）统计函数：在 I14 单元格，使用 COUNTIF 函数。

（8）统计函数：在 I16 单元格，使用 COUNTA 函数。

项目样文

	A	B	C	D	E	F	G	H	I
1	企业职工计算机考试成绩								
2	序号	姓名	性别	部门	模块	笔试	机考	总分	等级
3	1	陈利林	女	销售部	办公应用	95.0	66.0	80.5	良
4	2	程思思	女	销售部	数据库	88.0	72.0	80.0	合格
5	3	程小梅	女	财务部	数据库	81.5	84.0	82.8	良
6	4	何小飞	男	财务部	数据库	50.0	91.5	70.8	合格
7	5	胡鹏飞	男	技术部	图像处理	94.0	91.5	92.8	优
8	6	刘梁	男	财务部	图像处理	63.0	88.0	75.5	合格
9	7	刘清	女	销售部	图像处理	66.0	81.5	73.8	合格
10	8	刘志强	男	技术部	办公应用	72.0	50.0	61.0	合格
11	9	孙艳涛	女	财务部	办公应用	95.0	94.0	94.5	优
12	10	吴佳	女	技术部	数据库	91.5	63.0	77.3	合格
13									
14	办公应用的平均成绩			78.7		统计女性人数			6
15									
16	数据库的总成绩			310.8		参考人数			10

素材　效果

图 16-21　“企业职工计算机考试成绩”项目样文

5. 2013 上半年大众畅销书排行榜

项目要求

如图 16-22 样文所示，按样文完成函数应用。

（1）单元格格式：设置单元格区域 C14:C17 和 F3:F12 的数据类型为数值，小数位 0 位，居中对齐。

（2）常用函数：在 C14 单元格，使用 SUM 函数。

（3）常用函数：在 C15 单元格，使用 MAX 函数。

（4）数学函数：在 C16 单元格，使用 SUMIF 函数。

（5）统计函数：在 C17 单元格，使用 COUNTIF 函数。

（6）数学函数：在 F3 单元格，使用 INT 函数

（7）复制函数：完成表中公式和函数的复制。

（8）公式审核：查看 E3 的从属单元格。

项目样文

	A	B	C	D	E	F
1	2013上半年大众畅销书排行榜TOP10					
2	排名	书名	出版社名称	作者	定价	定价取整
3	1	看见	广西师范大学出版社	柴静	39.8	39
4	2	墨多多谜境冒险系列-查理九世(18)：地狱温泉的诅咒	浙江少年儿童出版社有限公司	雷欧幻像	15	15
5	3	墨多多谜境冒险系列-查理九世(17)：外星怪客	浙江少年儿童出版社有限公司	雷欧幻像	15	15
6	4	邓小平时代	生活.读书.新知三联书店	傅高义	88	88
7	5	笑猫日记系列-寻找黑骑士	明天出版社	杨红樱	15	15
8	6	正能量	湖南文艺出版社	理查德·怀斯曼	29.8	29
9	7	幸福要回答	江苏凤凰文艺出版社	杨澜	35	35
10	8	墨多多谜境冒险系列-查理九世(20)：黑雾侏罗纪	浙江少年儿童出版社有限公司	雷欧幻像	15	15
11	9	巴学园系列-窗边的小豆豆	南海出版公司	黑柳彻子	25	25
12	10	墨多多谜境冒险系列-查理九世(13)：鬼公主的嫁衣	浙江少年儿童出版社有限公司	雷欧幻像	15	15
13						
14		购全部十本畅销书所需金额	293			
15		定价的最高值	88			
16		作者雷欧幻像的书价之和	60			
17		浙江少年儿童出版社有限公司上榜次数	4			

素材 效果

图 16-22 “2013 上半年大众畅销书排行榜”项目样文

项目 17 图表展示——学会制作企业经营表

教学目标

（1）掌握创建图表的基本操作（建图、选择数据区、设置两个坐标轴）。

（2）学会对图表进行编辑操作（选择数据源、图表类型、布局、位置、样式等）。

（3）掌握对图表进行格式设置（标签、坐标轴、形状、艺术字、打印等）。

项目描述

图表能直观、清晰地反映数据的变化，数据关系一目了然，便于用户查看数据的分布、趋势和各种规律。本项目是通过制作“公司经营分析”图表，使学生学会图表的制作、修改、美化、打印等的方法和技巧。项目完成效果如图 17-1 所示。

任务 1 创建图表

Excel 在创建表格时，会自动选取全部数据源，需要对数据源重新选择，对于表中两列数据差别很大的情形，通常采用双坐标轴方法显示图表。

1. 创建图表

打开表格文件，选择“开始”选项卡，在如图 17-2 所示的“图表”组中单击一种图表形式，在弹出的下拉列表中选择一种形式，或单击“图表”组右下角的按扭，弹出如图 17-3 所

示的对话框，生成图表并自动切换到"图表工具"的选项卡。

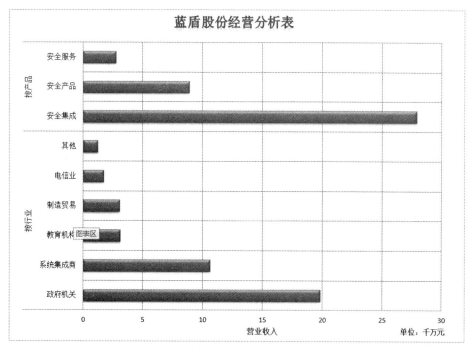

图 17-1　项目样文

图 17-2　"图表"功能组

图 17-3　"插入图表"对话框

项目实战

按项目要求，打开"公司经营分析表"文件，用上述方法中的一种创建"二维簇状柱形图"，如图 17-4 所示。

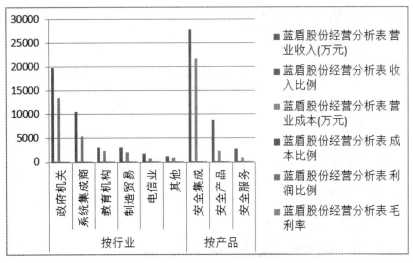

图 17-4　默认选项生成的图表

2.　选择数据区域

生成图表后，与图表对应的数据区域有蓝色边框，可以拖动边框改变数据区域。

项目实战

按项目要求，修改数据按行业部分，效果如图 17-5 所示。

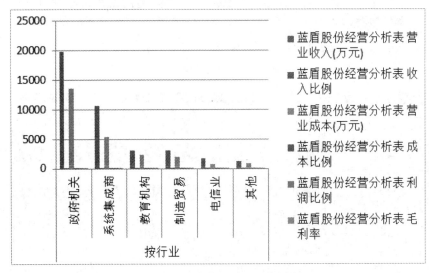

图 17-5　修改数据区域后的图表

3.　设置两个坐标轴

生成柱状图表后，在图表上双击选中数据系列毛利率，在图表工具的"设计"选项卡上的"类型"组，单击选择更改图表类型，选择折线图并单击"确定"按钮。在图表工具的"布局"选项卡上的"当前所选内容"组，单击下拉列表，选择系列毛利率，选择设置所选的内容格式，弹出"设置数据系列格式"对话框，如图 17-6 所示，选择系列绘制在"次坐标轴"上。

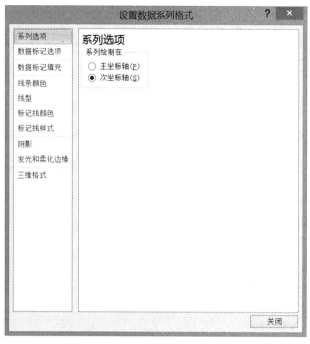

图 17-6 "设置数据系列格式"对话框

项目实战

按项目要求，先将系列毛利率数据的图表类型转成折线图，再设置系列绘制在次坐标轴上，效果如图 17-7 所示。

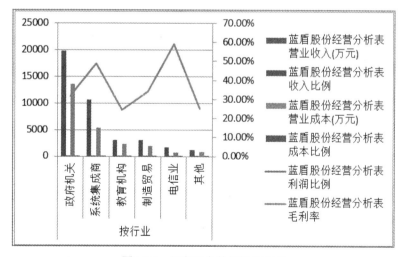

图 17-7 具有两个数值轴的图表

任务 2 编辑图表

1. 更改数据源

在图表工具的"设计"选项卡上的"数据"组中，单击"选择数据"按钮，弹出如图 17-8

所示的对话框，可以单击"图表数据区域"后的折叠按钮，重选数据区，或者单击"图例项"
下面的"添加"、"编辑"或"删除"按钮，修改数据源。

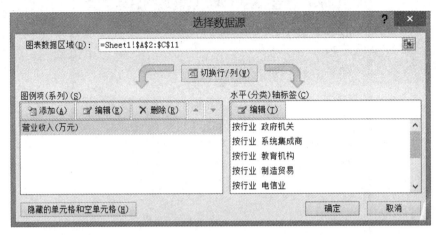

图 17-8   "选择数据源"对话框

项目实战

更改数据源，效果如图 17-9 所示。

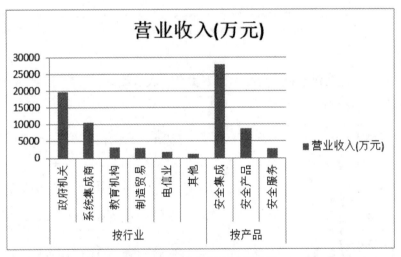

图 17-9   更改数据源后的效果

2. 更改图表类型

在图表工具的"设计"选项卡上的"类型"组中，单击"选择更改图表"类型，弹出"更改图表类型"对话框，如图 17-10 所示，选择图表类型，单击"确定"按钮。

项目实战

更改为"簇状条形图"类型，效果如图 17-11 所示。

3. 更改图表布局

在图表工具的"设计"选项卡上的"图表布局"组中，单击下拉列表，有 10 种布局可供选择，如图 17-12 所示。

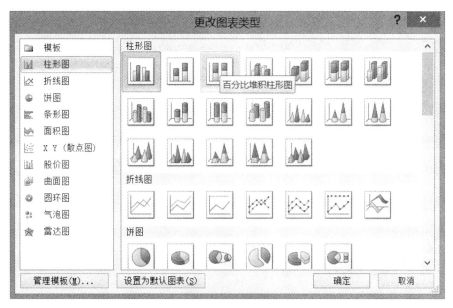

图 17-10　"更改图表类型"对话框

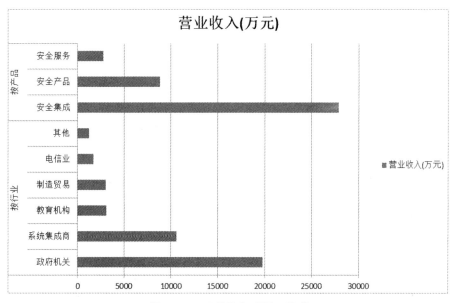

图 17-11　"簇状条形图"类型

图 17-12　"图表布局"选项组

项目实战

更改为"布局5",效果如图 17-13 所示。

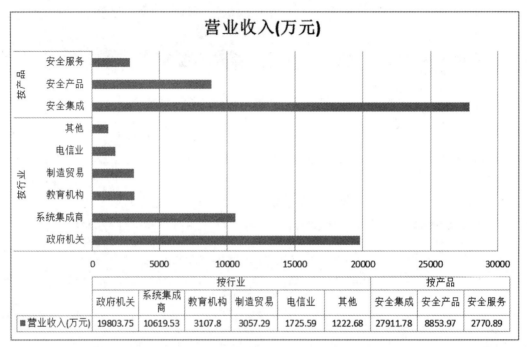

		按行业					按产品		
	政府机关	系统集成商	教育机构	制造贸易	电信业	其他	安全集成	安全产品	安全服务
■营业收入(万元)	19803.75	10619.53	3107.8	3057.29	1725.59	1222.68	27911.78	8853.97	2770.89

图 17-13   布局 5 效果

4. 更改图表位置

选中图表区拖动即可实现工作表内移动。在图表工具的"设计"选项卡上的"位置"组中单击"移动图表"按钮,弹出"移动图表"对话框,如图 17-14 所示,选择新工作表并单击"确定"按钮。

图 17-14   "移动图表"对话框

5. 更改图表样式

在图表工具的"设计"选项卡的"图表样式"组中,单击选择一种图表样式,即应用了该图表样式,如图 17-15 所示。

项目实战

按项目要求,移动图表到新工作表 Chart1,设置图表样式为"样式 27",将布局改为"布局 1",效果如图 17-16 所示。

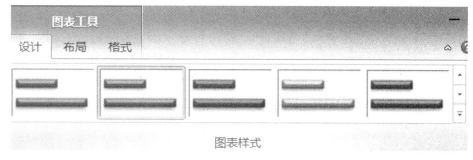

图 17-15 "图表样式"组

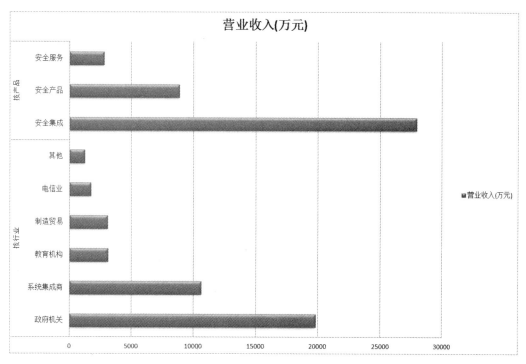

图 17-16 设置图表样式的效果

任务 3 美化图表

1. 标签使用

建表后需要设置标题、坐标轴标题、数据标签和图例等，可选择图表工具的"布局"选项卡上的"标签"组，如图 17-17 所示，在每项的下拉列表中单击相应的按钮进行设置。

图 17-17 "标签"功能组

项目实战

按项目要求，设置图表标题为"蓝盾股份经营分析表"，类型为图表上方。主要横坐标轴标题为"营业收入"，类型为坐标轴下方标题。取消图例，手动调节图表大小，完成效果如图 17-18 所示。

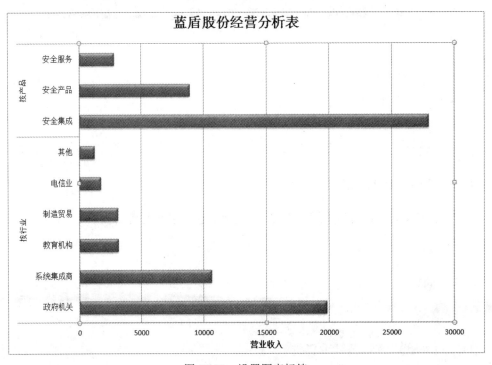

图 17-18　设置图表标签

2. 坐标轴

当表中数值较大时，可选择图表工具的"布局"选项卡上的"坐标轴"组的主要横坐标轴和主要纵坐标轴选项，弹出的下拉列表如图 17-19 所示，可设置显示单位等。

图 17-19　坐标轴设置

项目实战

按项目要求，设置主要横坐标轴为"显示千位坐标轴"，网格线主要横纵网格线都是"主要网格线"，修改显示数据单位为"千万元"，完成效果如图 17-20 所示。

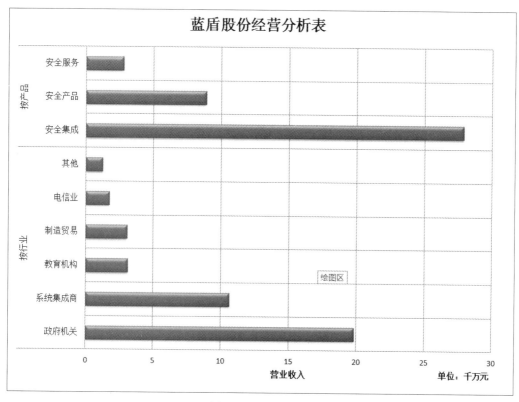

图 17-20　项目效果

3. 形状样式

选择图表区后，在图表工具的"格式"选项卡的"图表样式"组中，单击选择一种形状样式（共 42 种），即应用了该形状样式，如图 17-21 所示。选择图表网格线后，在图表工具的"格式"选项卡的"图表样式"组中，单击选择一种形状样式（共 21 种），即应用了该形状样式，如图 17-22 所示。

图 17-21　图表区形状样式

项目实战

按项目要求，设置系列为"强列效果－蓝色"，网格线都是"细线－强调颜色 1"，完成效果如图 17-23 所示。

图 17-22　网格线形状样式

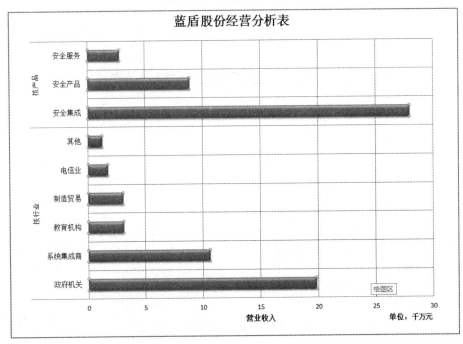

图 17-23　项目效果

4. 其他格式设置

在图表工具的"格式"选项卡的"艺术字样式"组中，单击选择一种样式（共 42 种），即应用了该形状样式，如图 17-24 所示。也可在"开始"选项卡的"字体"组中设置。

图 17-24　"艺术字样式"对话框

项目实战

按项目要求，设置标题艺术字样式为"渐变填充－蓝色"，水平轴标签和单位的颜色为深红色，完成效果如图 17-25 所示。

5. 打印图表

选择"文件"菜单下的"打印"命令，在设置栏中选择"打印活动工作表"并单击"打印"按钮。

综合实训 17

1．股价走势图表

项目要求

如图 17-25 所示，按样文制作图表。

（1）建图：选择数据区 A1:E11，新建股价图，选择第 4 种类型。

（2）主坐标轴：设置最大值为 10E7；主要纵坐标轴：设置显示百万单位。

（3）图表设计：设置图表布局 6，图表样式 3。

（4）图表布局标签：设置图表标题为"蓝盾公司股价走势图"，主要纵坐标标题为类型竖排标题，内容为"成交量"，次要纵坐标标题为类型竖排标题，内容为"股价"，主要纵坐标标题为"内容'时间'"，数据标签为"无"。

（5）水平轴标签：重选数据源，对水平轴标签重新编辑，选择区域 F2:F11。

（6）格式：设置绘图区形状样式为"中等样式－橄榄色"。

（7）趋势线：设置为"双周期移动平均"。

（8）插入形状：在股价上插入向上箭头。

项目样文

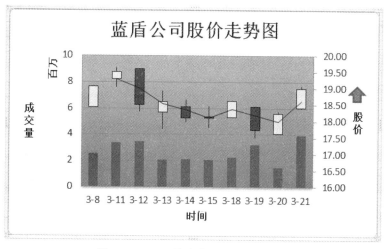

图 17-25　"股价走势图表"项目样文

2．饮料销售图表

项目要求

如图 17-26 所示，按样文制作图表。

（1）建图：类型为"仅带数据标记的散点图"，数据区 A1:D13。

（2）双轴设置：设置"温度"类型为"带平滑线的散点图"，设置"温度"为次坐标轴。

（3）图表设计：设置图表布局 10，图表样式 34，移动到新工作表。

（4）主坐标轴：设置最大值为 12。

（5）图表布局标签：设置图表标题"冷热饮品销量表"，主要纵坐标标题为"类型旋转过标题"，内容为"销量"，主要横坐标标题为内容"月份"。

（6）格式：设置图表区形状样式为"细微效果－蓝色"。

（7）形状填充：系列"热饮"用变体左上到右下填充。

（8）形状轮廓：系列"热饮"改为红色1磅线条。

项目样文

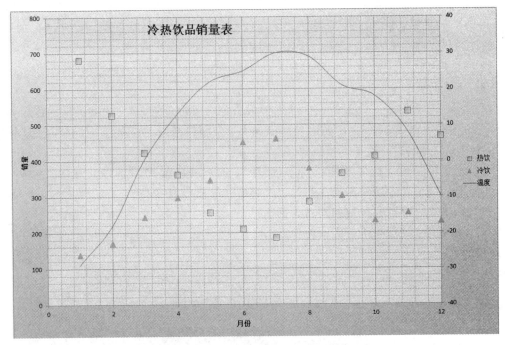

图17-26 "饮料销售图表"项目样文

3. 区域销售图表

项目要求

如图17-27所示，按样文制作图表。

（1）建图：类型"饼图"，数据区A1:B7，设置图表布局3。

（2）图表设计：变更图表类型为"复和条饼图"，设置图表布局8。

（3）系列选项：设置第二绘图区，包含最后3值，实现菱形填充。

（4）图表标题：内容"区域销售表"，艺术字样式"填充、茶色"

（5）图表区域边框：边框颜色"实线"，透明度"50%"宽度1.75磅，"圆角"。

（6）图表区格式："彩色－橄榄色"。

（7）图表大小：高8cm，宽14cm。。

（8）三维格式：设置"西南"地区顶端棱台效果。

项目样文

4. 2013年广东省主要进出口情况表

项目要求

如图17-28所示，按样文制作图表。

（1）建图：类型"堆积面积图"，数据区A2:D9。

（2）图表设计：选择数据源，在图例中删除"比上年增长"图列项，设置图表布局5。

（3）图表设计：图表样式2。

（4）图表标题：内容为"2013年广东省主要进出口情况表"，宋体，14号。

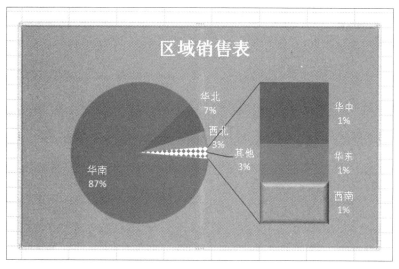

图 17-27　"区域销售图表"项目样文

（5）坐标轴标题：主要纵坐标轴标题，竖排标题，内容为"进出口额"。

（6）图表区格式：彩色填充，黑色，深色 1。

（7）图表区格式：图表区画布纹理填充。

（8）艺术字样式：标题渐变填充－紫色，强调文字颜色 4。

项目样文

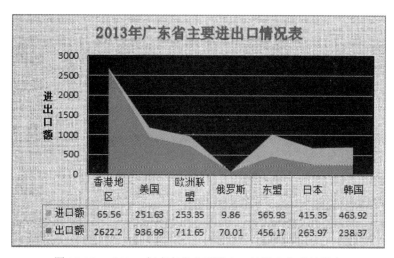

图 17-28　"2013 年广东省主要进出口情况表"项目样文

5. 万喜车业有限公司 2013 年销售量统计表

项目要求

如图 17-29 所示，按样文制作图表。

（1）建图：类型为"三维圆柱图"，数据区 B3:F10。

（2）图表设计：设置图表布局 3。

（3）图表设计：图表样式 3。

（4）图表标题：内容为"万喜车业有限公司 2013 年销售量统计表"，黑体，14 号。

（5）坐标轴标题：主要纵坐标轴标题，竖排标题，内容为"销售量"。

（6）图表区格式：细微效果，黑色，深色1。

（7）绘图区格式：形状轮廓红色填充，高8厘米，宽12厘米。

（8）艺术字样式：标题阴影、外部、右下斜偏移。

项目样文

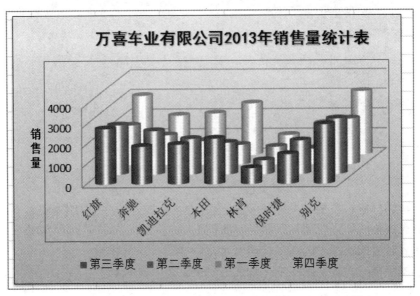

图17-29　"万喜车业有限公司2013年销售量统计表"项目样文

项目18　排序筛选——学会制作企业车辆表

教学目标

（1）掌握数据的排序操作（简单排序、删除重复、复杂排序、自定义排序）。

（2）掌握数据的筛选操作（自动筛选、自定义筛选、清除筛选、高级筛选）。

项目描述

Excel能够处理大量数据，能对表中数据按不同要求进行排序和筛选。本项目是通过管理"企业车辆使用表"数据，使学生学会对记录进行简单、复杂、自定义排序、自动筛选、高级筛选等处理数据的方法和技巧，项目完成效果如图18-1所示。

任务1　数据排序

1. 简单排序

选中表中任一列数据，单击"数据"选项卡中"排序和筛选"功能组中的"降序"按钮，如图18-2所示，所在列的数据将按由高到低的顺序进行自动排序。

项目实战

按项目要求，完成依"用车人"列数据升序排列，项目效果如图18-3所示。

序号	车号	用车部门	用车人	用车类型	使用时长	里程	费用	报销	司机补贴
1	粤A45987	人事部	邓喜婷	公用	12	200	¥300.00	¥300.00	¥40.00
2	粤A45987	人事部	芳敏	公用	7	90	¥135.00	¥135.00	¥0.00
5	粤K88379	人事部	罗秋月	公用	5	80	¥120.00	¥120.00	¥0.00
4	粤A45987	人事部	杨小线	公用	4	40	¥60.00	¥60.00	¥0.00
8	粤A45987	销售部	宋策	公用	14	60	¥90.00	¥90.00	¥60.00
9	粤A45987	销售部	刘催华	公用	9	260	¥390.00	¥390.00	¥10.00
7	粤K88379	科研部	李值	公用	9	120	¥180.00	¥180.00	¥10.00
10	粤A45987	科研部	李值	私用	2	40	¥60.00	¥0.00	¥0.00
3	粤B89753	生产部	赵婷婷	公用	6	60	¥90.00	¥90.00	¥0.00
6	粤B89753	生产部	苏东辉	私用	4	60	¥90.00	¥0.00	¥0.00

| | | 使用时长 | 里程 | | | | | | |
| | | >5 | >100 | | | | | | |

序号	车号	用车部门	用车人	用车类型	使用时长	里程	费用	报销	司机补贴
1	粤A45987	人事部	邓喜婷	公用	12	200	¥300.00	¥300.00	¥40.00
7	粤K88379	科研部	李值	公用	9	120	¥180.00	¥180.00	¥10.00
9	粤A45987	销售部	刘催华	公用	9	260	¥390.00	¥390.00	¥10.00

图 18-1　项目样文

图 18-2　"排序"按钮

序号	车号	用车部门	用车人	用车类型	使用时长	里程	费用	报销	司机补贴
1	粤A45987	人事部	邓喜婷	公用	12	200	¥300.00	¥300.00	¥40.00
2	粤A45987	人事部	芳敏	公用	7	90	¥135.00	¥135.00	¥0.00
7	粤K88379	科研部	李值	公用	9	120	¥180.00	¥180.00	¥10.00
10	粤A45987	科研部	李值	私用	2	40	¥60.00	¥0.00	¥0.00
9	粤A45987	销售部	刘催华	公用	9	260	¥390.00	¥390.00	¥10.00
5	粤K88379	人事部	罗秋月	公用	5	80	¥120.00	¥120.00	¥0.00
5	粤K88379	人事部	罗秋月	公用	5	80	¥120.00	¥120.00	¥0.00
8	粤A45987	销售部	宋策	公用	14	60	¥90.00	¥90.00	¥60.00
6	粤B89753	生产部	苏东辉	私用	4	60	¥90.00	¥0.00	¥0.00
4	粤A45987	人事部	杨小线	公用	4	40	¥60.00	¥60.00	¥0.00
3	粤B89753	生产部	赵婷婷	公用	6	60	¥90.00	¥90.00	¥0.00

图 18-3　项目效果

2．删除重复

在"数据"选项卡的"数据工具"组中单击"删除重复项"按钮，在弹出"删除重复项"对话框中，选择包含重复值的列，单击"确定"按钮，弹出删除情况，单击"确定"按钮完成操作。

项目实战

按项目要求，删除重复的记录，项目效果如图 18-4 所示。

3．多重排序

在"数据"选项卡的"排序和筛选"组中单击"排序"按钮，弹出"排序"对话框，如

图 18-5 所示，单击"添加条件"按钮，添加次要关键字，在"列"、"排序依据"、"次序"中设置相应内容。

	A	B	C	D	E	F	G	H	I	J
1	序号	车号	用车部门	用车人	用车类型	使用时长	里程	费用	报销	司机补贴
2	1	粤A45987	人事部	邓喜婷	公用	12	200	¥300.00	¥300.00	¥40.00
3	2	粤A45987	人事部	芳敏	公用	7	90	¥135.00	¥135.00	¥0.00
4	7	粤K88379	科研部	李值	公用	9	120	¥180.00	¥180.00	¥10.00
5	10	粤A45987	科研部	李值	私用	2	40	¥60.00	¥0.00	¥0.00
6	9	粤A45987	销售部	刘催华	公用	9	260	¥390.00	¥390.00	¥10.00
7	5	粤K88379	人事部	罗秋月	公用	5	80	¥120.00	¥120.00	¥0.00
8	8	粤A45987	销售部	宋策	公用	14	60	¥90.00	¥90.00	¥60.00
9	6	粤B89753	生产部	苏东辉	私用	4	60	¥90.00	¥0.00	¥0.00
10	4	粤A45987	人事部	杨小线	公用	4	40	¥60.00	¥60.00	¥0.00
11	3	粤B89753	生产部	赵婷婷	公用	6	60	¥90.00	¥90.00	¥0.00

图 18-4　项目效果

图 18-5　"排序"对话框

项目实战

按项目要求，主要关键字按"用车部门"升序，次要关键字按"使用时长"降序，项目效果如图 18-6 所示。

	A	B	C	D	E	F	G	H	I	J
1	序号	车号	用车部门	用车人	用车类型	使用时长	里程	费用	报销	司机补贴
2	7	粤K88379	科研部	李值	公用	9	120	¥180.00	¥180.00	¥10.00
3	10	粤A45987	科研部	李值	私用	2	40	¥60.00	¥0.00	¥0.00
4	1	粤A45987	人事部	邓喜婷	公用	12	200	¥300.00	¥300.00	¥40.00
5	2	粤A45987	人事部	芳敏	公用	7	90	¥135.00	¥135.00	¥0.00
6	5	粤K88379	人事部	罗秋月	公用	5	80	¥120.00	¥120.00	¥0.00
7	4	粤A45987	人事部	杨小线	公用	4	40	¥60.00	¥60.00	¥0.00
8	3	粤B89753	生产部	赵婷婷	公用	6	60	¥90.00	¥90.00	¥0.00
9	6	粤B89753	生产部	苏东辉	私用	4	60	¥90.00	¥0.00	¥0.00
10	8	粤A45987	销售部	宋策	公用	14	60	¥90.00	¥90.00	¥60.00
11	9	粤A45987	销售部	刘催华	公用	9	260	¥390.00	¥390.00	¥10.00

图 18-6　项目效果

4. 自定义排序

表中数据为产品规格型号等，如需自行定义其排序顺序，则应建立自定义序列。

选择"文件"→"选项"命令，弹出 Excel 选项，单击"高级"按钮，选择"Web 选项"→"编辑自定义列表"命令，弹出"自定义序列"对话框，如图 18-7 所示。输入序列后，单击"添加"按钮确认，排序时可在次序中选自定义序列，如图 18-8 所示，也可以在排序时，选择自定义序列的次序，在弹出的"自定义序列"对话框中添加序列。

图 18-7　自定义序列

图 18-8　使用"自定义的序列"次序排序

项目实战

按项目要求，主要关键字"用车部门"按自定义序列"人事部，销售部，科研部，生产部"排序，次要关键字按"使用时长"降序，项目效果如图 18-9 所示。

序号	车号	用车部门	用车人	用车类型	使用时长	里程	费用	报销	司机补贴
1	粤A45987	人事部	邓喜婷	公用	12	200	¥300.00	¥300.00	¥40.00
2	粤A45987	人事部	芳敏	公用	7	90	¥135.00	¥135.00	¥0.00
5	粤K88379	人事部	罗秋月	公用	5	80	¥120.00	¥120.00	¥0.00
4	粤A45987	人事部	杨小线	公用	4	40	¥60.00	¥60.00	¥0.00
8	粤A45987	销售部	宋策	公用	14	60	¥90.00	¥90.00	¥60.00
9	粤A45987	销售部	刘催华	公用	9	260	¥390.00	¥390.00	¥10.00
7	粤K88379	科研部	李值	公用	9	120	¥180.00	¥180.00	¥10.00
10	粤A45987	科研部	李值	私用	2	40	¥60.00	¥0.00	¥0.00
3	粤B89753	生产部	赵婷婷	公用	6	60	¥90.00	¥90.00	¥0.00
6	粤B89753	生产部	苏东辉	私用	4	60	¥90.00	¥0.00	¥0.00

图 18-9　自定义序列排序

任务 2　数据筛选

1．自动筛选

自动筛选可快速找到符合条件记录并隐藏其他记录，单击"数据"选项卡中"排序和筛选"功能组中的"筛选"按钮，此时列标题单元格右侧自动出现"筛选"按钮，单击某列右边的"筛选"按钮，弹出设置条件搜索的对话框，如图 18-10 所示，设置搜索和排序条件并单击"确定"按钮，显示满足条件的数据信息，其他数据被隐藏。

图 18-10　设置搜索条件对话框

项目实战

按项目要求，筛选出人事部公用车辆使用信息，项目效果如图 18-11 所示。

	A	B	C	D	E	F	G	H	I	J
1	序	车号	用车部	用车	用车类	使用时	里程	费用	报销	司机补
4	1	粤A45987	人事部	邓喜婷	公用	12	200	¥300.00	¥300.00	¥40.00
5	2	粤A45987	人事部	芳敏	公用	7	90	¥135.00	¥135.00	¥0.00
6	4	粤A45987	人事部	杨小线	公用	4	40	¥60.00	¥60.00	¥0.00
7	5	粤K88379	人事部	罗秋月	公用	5	80	¥120.00	¥120.00	¥0.00

素材　效果

图 18-11　满足条件数据自动筛选的结果

2. 自定义筛选

对文本型数据（如图 18-12 所示）选择"文本筛选"命令，弹出文本筛选列表，如图 18-12 所示，选择列出的某种筛选条件。如果选择"自定义筛选"命令，则弹出"自定义自动筛选方式"对话框，如图 18-13 所示，设置筛选方式即可。对数值型数据，弹出的是数字筛选的自定义筛选对话框，操作相同。

图 18-12　文本类型筛选列表

图 18-13　"自定义自动筛选方式"对话框

项目实战

按项目要求，筛选出里程在 100 和 210 之间的车辆使用信息，按降序排列数据，项目效果如图 18-14 所示。

	C	D	E	F	G	H	I	J
1	用车部▾	用车▾	用车类▾	使用时▾	里程▾	费用▾	报销▾	司机补▾
3	人事部	邓喜婷	公用	12	200	¥300.00	¥300.00	¥40.00
4	科研部	李值	公用	9	120	¥180.00	¥180.00	¥10.00

图 18-14　满足条件的筛选结果

3．清除筛选

在"数据"选项卡的"排序和筛选"组中单击"清除"按钮，清除当前范围内的筛选和排序状态。

项目实战

按项目要求，清除上述筛选和排序状态。

4．高级筛选

在"数据"选项卡的"排序和筛选"组中单击"高级"按钮，弹出"高级筛选"对话框，如图 18-15 所示，在"方式"中选择筛选结果存放位置，在"列表区域"中选择数据源的位置，在"条件区域"中选择设置的筛选条件，指定是否选择重复的记录，单击"确定"按钮。

图 18-15　"高级筛选"对话框

项目实战

按项目要求，在 D13:E14 区域中输入条件，筛选结果复制到 A16 区域，项目效果如图 18-16 所示。

13			使用时长	里程					
14			>5	>100					
15									
16	序号	车号	用车部门	用车人	用车类型	使用时长	里程	费用	报销	司机补贴
17	1	粤A45987	人事部	邓喜婷	公用	12	200	¥300.00	¥300.00	¥40.00
18	7	粤K88379	科研部	李值	公用	9	120	¥180.00	¥180.00	¥10.00
19	9	粤A45987	销售部	刘催华	公用	9	260	¥390.00	¥390.00	¥10.00

素材 效果

图 18-16　高级筛选结果

综合实训 18

1. 利达公司工资表

项目要求

如图 18-17 所示，按样文完成数据的排序和筛选操作。

（1）删除重复：将素材表中的内容复制到 Sheet1 表，删除重复记录，并将 Sheet1 表复制到 Sheet2 至 Sheet6 表。

（2）简单排序：在 Sheet1 表中，按"姓名"进行降序排序。

（3）多重排序：在 Sheet2 表中，按"部门"和"职称"进行排序。

（4）自定义排序：在 Sheet3 表中，按"部门"进行自定义排序（工程部、设计室、后勤部）。

（5）自动筛选：在 Sheet4 表中，筛选"工程部"人员信息。

（6）自定义筛选：在 Sheet5 表中，筛选"实发工资"在 4500 至 5200 的人员信息。

（7）高级筛选：在 Sheet6 表中，定义筛选条件"基本工资大于 2100，奖金小于 600"，筛选结果在 A18 单元格显示。

（8）综合练习：在 Sheet6 表中，按部门自定义排序，筛选职称技术员，自定义实发工资在 2600 至 2900 之间。

项目样文

	A	B	C	D	E	F	G	H
1			利达公司工资表					
2	姓名	部门	职称	基本工	奖金	补贴	扣款	实发工
6	周健华	工程部	技术员	2120	576	100	170	2626
10	王辉杰	设计室	技术员	2200	600	100	200	2700
13	任敏	后勤部	技术员	2400	594	100	213	2881
15								
16				基本工资	奖金			
17				>2100	<600			
18	姓名	部门	职称	基本工资	奖金	补贴	扣款	实发工资
19	任敏	后勤部	技术员	2400	594	100	213	2881
20	张勇	工程部	工程师	4500	568	180	50	5198
21	周健华	工程部	技术员	2120	576	100	170	2626

Sheet4 Sheet5 Sheet6

图 18-17　"利达公司工资表"项目样文

2. 广东省 2012-2013 招生情况表

项目要求

如图 18-18 所示，按样文完成数据的排序和筛选操作。

（1）删除重复：将素材表中的内容复制到 Sheet1 表，删除重复记录，并将 Sheet1 表复制到 Sheet2 至 Sheet6 表。

（2）简单排序：在 Sheet1 表中，按“指标”进行降序排序。

（3）多重排序：在 Sheet2 表中，按“年份”和“指标”进行升序排序。

（4）自定义排序：在 Sheet3 表中，按“指标”进行自定义排序（小学、初中、普通高中）。

（5）自动筛选：在 Sheet4 表中，筛选“研究生”数据信息。

（6）自定义筛选：在 Sheet5 表中，筛选“招生”在 40 至 100 万的数据信息。

（7）高级筛选：在 Sheet6 表中，定义筛选条件“在校生大于 50，毕业生大于 100”，筛选结果在 B26 单元格显示。

（8）综合练习：在 Sheet6 表中，按年份降序排序，筛选初中、小学和普通高中，自定义招生大于 100 万。

项目样文

	A	B	C	D	E	F
1		广东省2012-2013招生情况表				
2		指　标	年份	招生	在校生	毕业生
9		初中	2013	129.99	404.79	151.66
10		小学	2013	150.05	807.94	137.04
19		初中	2012	140.23	160.85	162.03
20		小学	2012	145.26	340.85	149.93
23						
24					在校生	毕业生
25					>50	>100
26		指　标	年份	招生	在校生	毕业生
27		初中	2012	140.23	160.85	162.03
28		小学	2012	145.26	340.85	149.93
29		学前教育	2012	154.61	170.27	113.95
30		初中	2013	129.99	404.79	151.66
31		小学	2013	150.05	807.94	137.04
32		学前教育	2013	171.00	354.58	108.25

Sheet1 / Sheet2 / Sheet3 / Sheet4

图 18-18 “2012-2013 广东省招生情况表”项目样文

3. 当当网电子书 2014 年 1-4 月排行榜

项目要求

如图 18-19 文所示，按样文完成数据的排序和筛选操作。

（1）删除重复：将素材表中的内容复制到 Sheet1 表，删除重复记录，并将 Sheet1 表复制到 Sheet2 至 Sheet6 表。

（2）简单排序：在 Sheet1 表中，按“月份”进行升序排序。

（3）多重排序：在 Sheet2 表中，按“作者”和“出版时间”进行升序排序。

（4）自定义排序：在 Sheet3 表中，按“月份”进行自定义排序（一月、二月、三月、四月）。

（5）自动筛选：在 Sheet4 表中，筛选作者“成杰”数据信息。

（6）自定义筛选：在 Sheet5 表中，筛选“出版时间”在 2013-3-1 以后的数据信息。

（7）高级筛选：在 Sheet6 表中，定义筛选条件“作者成杰，出版社中国华侨出版社”，筛选结果在 A27 单元格显示。

（8）综合练习：在 Sheet6 表中，按月份自定义排序，筛选出版时间 2013 年，自定义出版社是江苏。

项目样文

	A	B	C	D	E	F
1	当当网电子书2014年1－4月排行榜					
2	月份	排名	书名	作者	出版时间	出版社
3	一月	1	给你一个团队，你能怎么管？	赵伟	2013/10/1	江苏文艺出版社
7	一月	5	既要成功，也要成仁	潘石屹	2013/3/1	江苏人民出版社
8	二月	1	既要成功，也要成仁	潘石屹	2013/3/1	江苏人民出版社
14	三月	2	洗脑术：怎样有逻辑地说服他人	高德	2013/3/1	江苏文艺出版社
23						
24					作者	出版社
25					成杰	中国华侨出版社
26						
27	月份	排名	书名	作者	出版时间	出版社
28	四月	3	我最想学的说话技巧(电子书)	成杰	2011/12/1	中国华侨出版社
29	三月	1	我最想学的说话技巧(电子书)	成杰	2011/12/1	中国华侨出版社
30	二月	5	中国式人脉(电子书)	成杰	2012/8/1	中国华侨出版社

素材 Sheet1 Sheet2 Sheet3 Sheet4 Sheet5

图 18-19 “当当网电子书 2014 年 1-4 月排行榜”项目样文

4. 2013 全年汽车销量排行榜

项目要求

如图 18-20 所示，按样文完成数据的排序和筛选操作。

（1）删除重复：将素材表中的内容复制到 Sheet1 表，删除重复记录，并将 Sheet1 表复制到 Sheet2 至 Sheet6 表。

（2）简单排序：在 Sheet1 表中，按“国别”进行升序排序。

（3）多重排序：在 Sheet2 表中，按“车级”和“品牌”进行升序排序。

（4）自定义排序：在 Sheet3 表中，按“厂商”进行自定义排序（上海大众、一汽大众、上海通用、北京现代、长安福特、东风日产、广汽丰田、吉利控股）。

（5）自动筛选：在 Sheet4 表中，筛选厂商“上海大众”数据信息。

（6）自定义筛选：在 Sheet5 表中，筛选“车型”包含“大众”的数据信息。

（7）高级筛选：在 Sheet6 表中，定义筛选条件“品牌大众，全年累计大于 200000”，筛选结果在 A27 单元格显示。

（8）综合练习：在 Sheet6 表中，按厂商自定义排序，筛选品牌“现代”，自定义全年累计“小于 200000”。

项目样文

	A	B	C	D	E	F	G
1	2013全年汽车销量排行榜（TOP20）						
2	排名	国别	车级	厂商	品牌	车型	全年累计
16	12	韩国	A0	北京现代	现代	现代瑞纳	197482
17	18	韩国	A	北京现代	现代	现代伊兰特悦动	171547
23							
24						品牌	全年累计
25						大众	>200000
26							
27	排名	国别	车级	厂商	品牌	车型	全年累计
28	1	德国	A	上海大众	大众	大众朗逸	374056
29	3	德国	A	一汽大众	大众	大众速腾	271188
30	4	德国	A	一汽大众	大众	大众捷达	263408
31	8	德国	A	一汽大众	大众	大众宝来	237156
32	9	德国	B	上海大众	大众	大众帕萨特	227262

Sheet4 Sheet5 Sheet6

图 18-20 “2013 全年汽车销量排行榜”项目样文

5. 2014 年 5 月第 2 周“淘宝”手机销量排行榜

项目要求

如图 18-21 所示，按样文完成数据的排序和筛选操作。

（1）删除重复：将素材表中的内容复制到 Sheet1 表，删除重复记录，并将 Sheet1 表复制到 Sheet2 至 Sheet6 表。

（2）简单排序：在 Sheet1 表中，按“名称”进行升序排序。

（3）多重排序：在 Sheet2 表中，按“公司”升序,“本周销量”降序排序。

（4）自定义排序：在 Sheet3 表中，按“公司”进行自定义排序（苹果、三星、诺基亚、小米、华为、宇龙通信）。

（5）自动筛选：在 Sheet4 表中，筛选公司“小米”数据信息。

（6）自定义筛选：在 Sheet5 表中，筛选“本周销量”大于 15000 的数据信息。

（7）高级筛选：在 Sheet6 表中，定义筛选条件“苹果公司，本周销量大于 18000”，筛选结果在 A17 单元格显示。

（8）综合练习：在 Sheet6 表中，按公司自定义排序，筛选小米公司，升降幅度大于 10% 的数据信息。

项目样文

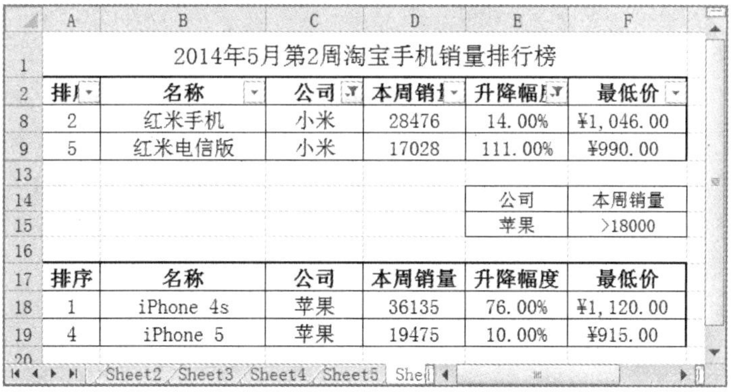

	A	B	C	D	E	F
1	2014年5月第2周淘宝手机销量排行榜					
2	排	名称	公司	本周销	升降幅	最低价
8	2	红米手机	小米	28476	14.00%	¥1,046.00
9	5	红米电信版	小米	17028	111.00%	¥990.00
13						
14					公司	本周销量
15					苹果	>18000
16						
17	排序	名称	公司	本周销量	升降幅度	最低价
18	1	iPhone 4s	苹果	36135	76.00%	¥1,120.00
19	4	iPhone 5	苹果	19475	10.00%	¥915.00

图 18-21　“2014 年 5 月第 2 周淘宝手机销量排行榜”项目样文

项目 19　计算汇总——学会制作企业捐赠表

教学目标

（1）学会用“记录单”管理数据，对数据进行有效性和条件格式设置。

（2）掌握对数据的合并计算（按类别及位置合并）。

（3）熟练掌握数据的分类汇总（新建、嵌套、查看、删除等）。

项目描述

Excel 能够处理大量数据，能对表中数据按不同要求进行计算和分类汇总。本项目是通过管理“企业个人捐赠表”的数据，学会添加记录、设置数据的有效性、对记录进行合并计算和分类汇总等处理数据的方法和技巧，项目完成效果如图 19-1 所示。

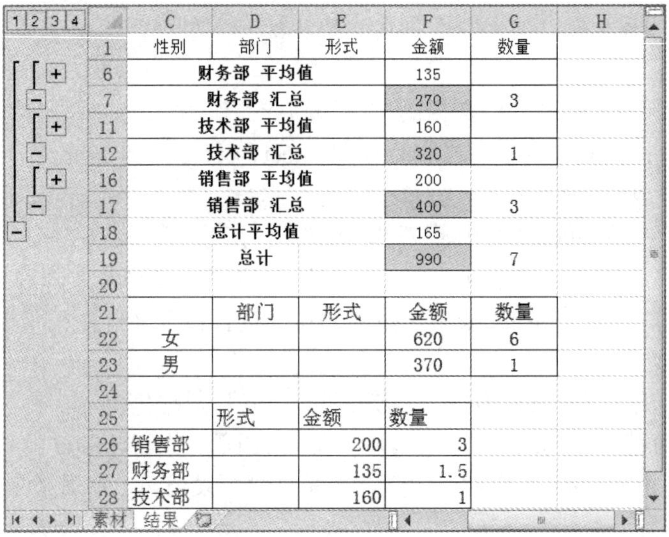

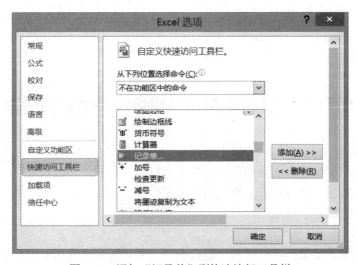

图 19-1　项目样文

任务 1　数据管理

记录单在电子表格的数据处理中是一项重要功能，可方便添加和搜索记录。

1．记录单

选择"文件"→"选项"命令，弹出 Excel 选项，单击"快速访问工具栏"，然后在"从下列位置选择命令"下拉列表中选择"不在功能区中的命令"选项，在命令列表中选择"记录单"选项，单击"添加"按钮再单击"确定"按钮，如图 19-2 所示。选中表内数据单元格，单击快速访问工具栏中的"记录单"按钮，弹出记录单对话框，单击"新建"按钮添加记录。单击"条件"按钮输入查询条件，按 Enter 键确认，单击"上一条"和"下一条"按钮，查看符合条件的记录。

图 19-2　添加"记录单"到快速访问工具栏

项目实战

按项目要求，添加记录单到快速访问工具栏，并添加一行数据。用查找"用车人"作为条件的方法，找到并删除刚添加的记录。

2. 数据有效性

如图 19-3 所示，在"数据"选项卡的"数据工具"组中单击"数据有效性"按钮，弹出"数据有效性"对话框，如图 19-4 所示，设置有效性条件、输入信息、出错警告等。

图 19-3　数据工具功能组

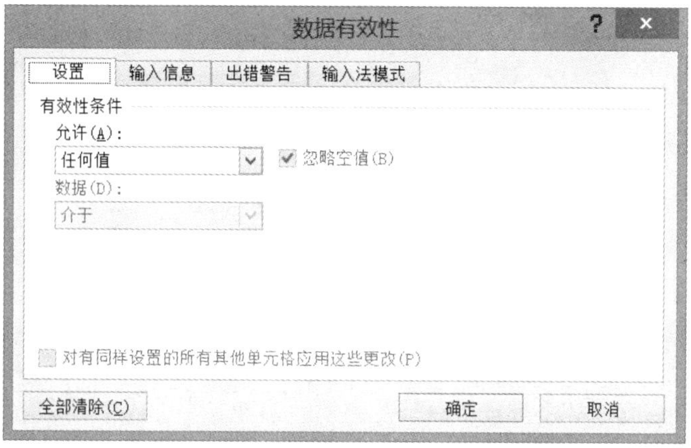

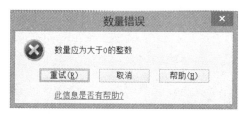

图 19-4　"数据有效性"对话框

项目实战

按项目要求，选中"数量"列，设置有效性条件为允许"整数"、数据"大于"、最小值"0"。设置出错警告为样式"停止"、标题上"数量错误"、错误信息"数量应为大于 0 的整数"。修改数据值，查看出错提示信息，如图 19-5 所示。

图 19-5　自定义出错提示信息

3. 条件格式

选择"开始"选项卡，在"样式"组中单击"条件格式"按钮，弹出条件格式下拉列表，如图 19-6 所示，选择要设置的规则。

项目实战

按项目要求，设置"金额"列数值大于 200 的用浅红色填充，项目效果如图 19-7 所示。

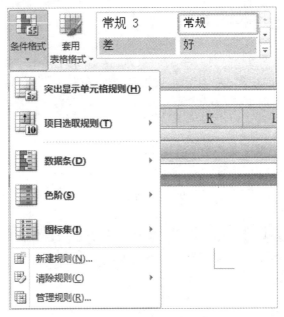

图 19-6　条件格式下拉列表

	A	B	C	D	E	F	G
1	序号	姓名	性别	部门	形式	金额	数量
2	1	陈利林	女	销售部	现金	50	
3	2	程思思	女	销售部	物品		3
4	3	程小梅	女	财务部	物品		2
5	4	何小飞	男	财务部	现金	170	
6	5	胡鹏飞	男	技术部	物品		1
7	6	刘梁	男	财务部	现金	100	
8	7	刘清	女	销售部	现金	350	
9	8	刘志强	男	技术部	现金	100	
10	9	孙艳涛	女	财务部	物品		1
11	10	吴佳	女	技术部	现金	220	

素材　过程

图 19-7　条件格式结果

任务 2　合并计算

1.　按类别合并

选定数据清单外任意空白单元格，选择"数据"选项卡，在"数据工具"组中单击"合并计算"按钮。弹出"合并计算"对话框，如图 19-8 所示，选定要使用的函数，选择引用的位置后，单击"添加"按钮，引用位置被添加到所有引用位置列表中，选择标签位置"首行"和"最左列"，单击"确定"按钮。

项目实战

按项目要求，对表中区域 C1:G11 内的数据项求和，在指定位置 C13 起的单元格区域显示结果，对数据加边框并居中显示，项目完成效果如图 19-9 所示。

项目实战

按项目要求，对表中区域 D1:G11 内的数据项求平均值，在指定位置 C17 起的单元格区域显示结果，对数据加边框并居中显示，项目完成效果如图 19-10 所示。

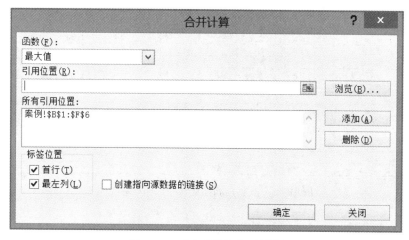

图 19-8　"合并计算"对话框

	A	B	C	D	E	F	G
12							
13				部门	形式	金额	数量
14			女			620	6
15			男			370	1
16							

图 19-9　按"性别"合并求和结果

	A	B	C	D	E	F
16						
17				形式	金额	数量
18			销售部		200	3
19			财务部		135	1.5
20			技术部		160	1
21						

图 19-10　按"部门"合并求平均值结果

2. 按位置合并

选定数据清单外任意空白单元格，选择"数据"选项卡，在"数据工具"组中单击"合并计算"按钮。弹出"合并计算"对话框，如图 19-8 所示，选定要使用的函数，选择引用的位置后，单击"添加"按钮，引用位置被添加到所有引用位置列表中，不选择标签位置"首行"和"最左列"，单击"确定"按钮，多个数据原内数据按对应位置进行相应的运算操作。

项目实战

按项目要求，复制素材表格内容到新建工作表 Sheet4 中，将表中区域 A7:G11 内的数据项移动到 A9:G13，将表中区域 A1:A11 内的数据项复制到 A8:A13。对上述两个区域的数据按类别合并计算求和，选择标签位置"首行"和"最左列"，在指定位置 I2 起的单元格区域显示结果，对数据加边框并居中显示。对上述两个区域的数据按类别合并计算求和，不选择标签位置"首行"和"最左列"，在指定位置 I8 起的单元格区域显示结果，对数据加边框并居中显示。项目效果如图 19-11 所示。

序号	姓名	性别	部门	形式	金额	数量		形式	金额	数量
1	陈利林	女	销售部	现金	50			销售部	400	3
2	程思思	女	销售部	物品		3		财务部	270	3
3	程小梅	女	财务部	物品		2		技术部	320	1
4	何小飞	男	财务部	现金	170					
5	胡鹏飞	男	技术部	物品		1				
序号	姓名	性别	部门	形式	金额	数量				
6	刘梁	男	财务部	现金	100				150	
7	刘清	女	销售部	现金	350				350	3
8	刘志强	男	技术部	现金	100				100	2
9	孙艳涛	女	财务部	物品		1			170	1
10	吴佳	女	技术部	现金	220				220	1

图 19-11　按类别和位置合并求和计算对照

任务3　分类汇总

分类汇总是按某一关键序列对应的数据进行汇总，汇总的结果可以是求和、计数、求平均值、最大值等。

1. 新建

对表中某列字段先排序后，在“数据”选项卡的“分级显示”组中单击“分类汇总”按钮，如图 19-12 所示，弹出“分类汇总”对话框，设置分类字段、汇总方式、选定汇总项，单击“确定”按钮。

图 19-12　“分组显示”功能组

项目实战

按项目要求，对“部门”升序排序，对“金额”和“数量”进行分类汇总求和。项目效果如图 19-13 所示。

	序号	姓名	性别	部门	形式	金额	数量
1	序号	姓名	性别	部门	形式	金额	数量
2	3	程小梅	女	财务部	物品		2
3	4	何小飞	男	财务部	现金	170	
4	6	刘梁	男	财务部	现金	100	
5	9	孙艳涛	女	财务部	物品		1
6				财务部 汇总		270	3
7	5	胡鹏飞	男	技术部	物品		1
8	8	刘志强	男	技术部	现金	100	
9	10	吴佳	女	技术部	现金	220	
10				技术部 汇总		320	1
11	1	陈利林	女	销售部	现金	50	
12	2	程思思	女	销售部	物品		3
13	7	刘清	女	销售部	现金	350	
14				销售部 汇总		400	3
15				总计		990	7

图 19-13　分类汇总结果

2. 嵌套分类汇总

在上述分类汇总的基础上，再次在"数据"选项卡的"分级显示"组中单击"分类汇总"按钮，弹出"分类汇总"对话框，设置分类字段、汇总方式。注意取消选中"替换当前分类汇总"复选框，单击"确定"按钮。

项目实战

按项目要求，对"金额"进行分类汇总求平均值，项目效果如图 19-14 所示。

	序号	姓名	性别	部门	形式	金额	数量
1	序号	姓名	性别	部门	形式	金额	数量
2	3	程小梅	女	财务部	物品		2
3	4	何小飞	男	财务部	现金	170	
4	6	刘梁	男	财务部	现金	100	
5	9	孙艳涛	女	财务部	物品		1
6				财务部 平均值		135	
7				财务部 汇总		270	3
8	5	胡鹏飞	男	技术部	物品		1
9	8	刘志强	男	技术部	现金	100	
10	10	吴佳	女	技术部	现金	220	
11				技术部 平均值		160	
12				技术部 汇总		320	1
13	1	陈利林	女	销售部	现金	50	
14	2	程思思	女	销售部	物品		3
15	7	刘清	女	销售部	现金	350	
16				销售部 平均值		200	
17				销售部 汇总		400	3
18				总计平均值		165	
19				总计		990	7

图 19-14 嵌套分类汇总

3. 查看分类汇总

单击分类汇总数据表左边的"级别数字"按钮或"展开折叠"按钮，可查看明细数据和汇总数据。

项目实战

按项目要求，对分类汇总结果显示"财务部"的明细数据，其他部分汇总和平均值，项目效果如图 19-15 所示。

	序号	姓名	性别	部门	形式	金额	数量
1	序号	姓名	性别	部门	形式	金额	数量
6				财务部 平均值		135	
7				财务部 汇总		270	3
8	5	胡鹏飞	男	技术部	物品		1
9	8	刘志强	男	技术部	现金	100	
10	10	吴佳	女	技术部	现金	220	
11				技术部 平均值		160	
12				技术部 汇总		320	1
16				销售部 平均值		200	
17				销售部 汇总		400	3
18				总计平均值		165	
19				总计		990	7

图 19-15 设置分类汇总查看

4. 删除分类汇总

在"数据"选项卡的"分级显示"组中单击"分类汇总"按钮，弹出"分类汇总"对话框，单击"全部删除"按钮，删除全部结果。

项目实战

按项目要求，复制到新建工作表，命名为"结果"。重新调整表中的分级显示，如图 19-16 所示，返回原工作表，删除全部分类汇总。

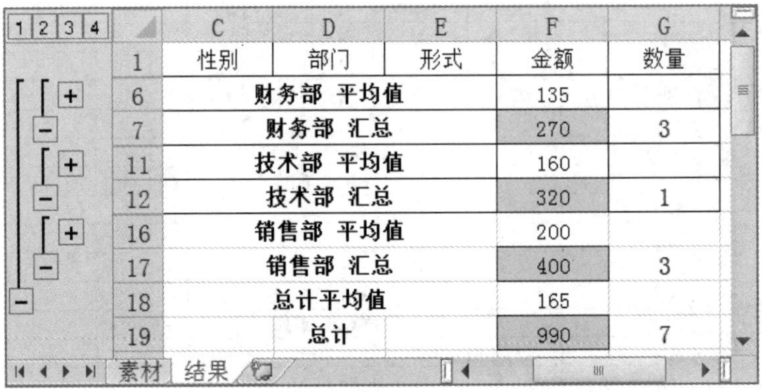

图 19-16   删除分类汇总

综合实训 19

1. 2014 年 QS 亚洲大学排名表

项目要求

如图 19-17 所示，按样文完成数据处理。

（1）数据有效性：对区域 A2:B51 设置有效性条件，允许整数介于 0 和 51 之间。

（2）插入记录：用记录单方法插入一条记录，具体内容（10、9、东京大学、日本、95.9）。

（3）条件格式：对 2013 年排名前 3 名，设置为浅红填充深红色文本。

（4）合并计算：对区域 D1:E11 进行合并计算，函数为计数，标签为首行和最左，在 D14 单元格起显示，修改 D14 单元格内容为"国家"，修改 E14 单元格内容为"进入前十名次数"，加边框。

（5）合并计算：对区域 D1:E11 进行合并计算，函数为平均值，标签为首行和最左，在 G14 单元格起显示，修改 G14 单元格内容为"国家"，修改 H14 单元格内容为"平均分"，加边框，设置数字格式，两位小数，居中。

（6）排序：对"国家"字段升序排序。

（7）分类汇总：按分类字段"国家"，汇总方式"最大值"，选定汇总项"总得分"，勾选"替换当前分类汇总"和"汇总结果显示在数据下方"复选框。

（8）格式表格：将 D20:H25 内的数据剪切到 A19 单元格，分别用 A1 和 A2 单元格的格式，刷新上述区域。

项目样文

	2014排名	2013排名	院校	国家	总得分
1	2014排名	2013排名	院校	国家	总得分
2	2	6	韩国科学技术院	韩国	99.5
3	9	7	浦项科技大学	韩国	96.1
4	4	4	首尔大学	韩国	98.7
5				韩国 平均值	98.1
6	10	9	东京大学	日本	95.9
7				日本 平均值	95.9
8	7	10	南洋理工大学	新加坡	97.3
9	1	2	新加坡国立大学	新加坡	100
10				新加坡 平均值	98.65
11	8	5	北京大学	中国	96.3
12				中国 平均值	96.3
13	3	2	香港大学	中国香港	99.3
14	5	1	香港科技大学	中国香港	98.4
15	6	7	香港中文大学	中国香港	97.4
16				中国香港 平均值	98.36666667
17				总计平均值	97.89
18					
19	国家	进前十次数		国家	平均分
20	新加坡	2		新加坡	98.65
21	韩国	3		韩国	98.1
22	中国香港	4		中国香港	98.36666667
23	中国	1		中国	96.3
24	日本	1		日本	95.9

图 19-17　"2014 年 QS 亚洲大学排名表"项目样文

2．企业主要原料采购及其占比情况表

项目要求

如图 19-18 所示，按样文完成数据处理。

（1）数据有效性：对"年份"字段，设置有效性条件允许整数介于 1990 和 2100 之间。

（2）修改记录：用记录单方法，将表中数量为"-"的修改为 0。

（3）条件格式：对"金额"字段数据，用蓝色数据条实心填充。

（4）准备数据：新建工作表 Sheet2 和 Sheet3，将素材中的内容复制到新建表中，在 Sheet3 表中删除多余部分，合并为一个表格。

（5）合并计算：打开工作表 Sheet2，对区域 B4:E10 和 B13:E19 进行合并计算，函数为求和，标签为首行和最左，在 B21 单元格起显示，修改 B21 单元格内容为"名称"，加边框，调整宽度，居中排列。

（6）合并计算：打开工作表 Sheet3，对区域 A4:E16 进行合并计算，函数为求和，标签为首行和最左，在 A18 单元格起显示，修改 A18 单元格内容为"年份"，加边框，调整宽度，居中排列。

（7）排序：按"名称"对表中字段排序。

（8）分类汇总：按分类字段"名称"，汇总方式"平均值"，选定汇总项"数量"和"金额"，勾选"替换当前分类汇总"和"汇总结果显示在数据下方"复选框。

项目样文

	A	B	C	D	E
1	蓝盾股份主要原料采购及其占比情况表				
2					
3					
4	年份	名称	数量	金额	占比
5	2011	电脑、工控机	14,194	4,594.27	29.96%
6	2010	电脑、工控机	11,631	4,173.02	37.02%
7		**电脑、工控机 平均值**	12,913	4,383.65	
8	2011	电脑配件	73,707	2,785.00	18.16%
9	2010	电脑配件	50,187	2,122.53	18.83%
10		**电脑配件 平均值**	61,947	2,453.77	
11	2011	服务器	515	1,033.42	6.74%
12	2010	服务器	478	967.38	8.58%
13		**服务器 平均值**	496.5	1000.4	
14	2011	交换机	3,172	654.89	4.27%
15	2010	交换机	2,692	654.22	5.80%
16		**交换机 平均值**	2,932	654.555	
17	2011	其他	0	1,001.68	6.53%
18	2010	其他	0	509.95	4.52%
19		**其他 平均值**	0	755.815	
20	2011	软件	1,125	1,785.74	11.65%
21	2010	软件	637	1,102.64	9.78%
22		**软件 平均值**	881	1,444.19	
23		**总计平均值**	13194.83	1,782.06	
24					
25	年份	名称	数量	金额	占比
26	2011		92,713	11,855.00	77.31%
27	2010		65,625	9,529.74	84.53%
28					

图 19-18 “企业主要原料采购及其占比情况表”项目样文

3. 全球十大现役航母表

项目要求

如图 19-19 所示，按样文完成数据处理。

（1）数据有效性：对“排名”字段，设置有效性条件允许整数介于 0 和 11 之间。

（2）修改记录：用记录单方法，添加表中第 10 名的类型中缺少的“？”。

（3）条件格式：对“绝对数”字段数据，用浅蓝色数据条渐变填充。

（4）合并计算：对区域 C2:F12 进行合并计算，函数为求和，标签为首行和最左，在 C15 单元格起显示，修改 C15 单元格内容为“国家”，加边框，调整宽度，居中排列。

（5）排序：按“国别”对表中字段降序排序。

（6）分类汇总：按分类字段“国别”，汇总方式“求和”，选定汇总项“排量”和“舰载机”，勾选“替换当前分类汇总”和“汇总结果显示在数据下方”复选框，选择显示级别。

项目样文

4. 2012-2013 广东省货运情况表

项目要求

如图 19-20 所示，按样文完成数据处理。

（1）数据有效性：对类别字段，设置有效性序列（铁路、公路、水路、民航、管道）。

（2）查看记录：用记录单方法查找 2012 年铁路记录。

（3）条件格式：对“绝对数”字段数据，使用“红－白－蓝色阶”格式。

（4）合并计算：对区域 B2:D22 进行合并计算，函数为求和，标签为首行和最左，在 B37 单元格起显示。

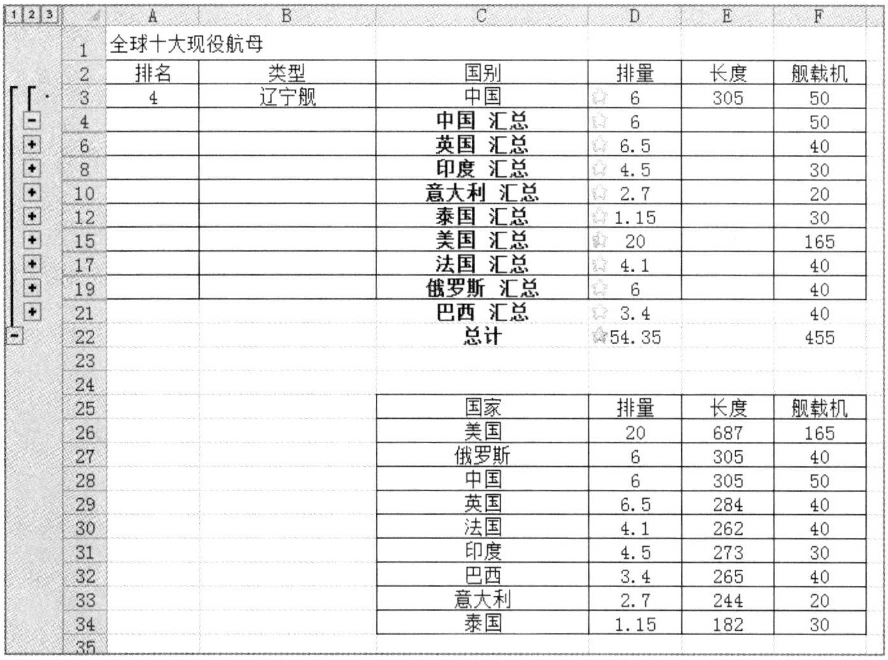

行	A	B	C	D	E	F
1	全球十大现役航母					
2	排名	类型	国别	排量	长度	舰载机
3	4	辽宁舰	中国	6	305	50
4			中国 汇总	6		50
6			英国 汇总	6.5		40
8			印度 汇总	4.5		30
10			意大利 汇总	2.7		20
12			泰国 汇总	1.15		30
15			美国 汇总	20		165
17			法国 汇总	4.1		40
19			俄罗斯 汇总	6		40
21			巴西 汇总	3.4		40
22			总计	54.35		455
23						
24						
25			国家	排量	长度	舰载机
26			美国	20	687	165
27			俄罗斯	6	305	40
28			中国	6	305	50
29			英国	6.5	284	40
30			法国	4.1	262	40
31			印度	4.5	273	30
32			巴西	3.4	265	40
33			意大利	2.7	244	20
34			泰国	1.15	182	30

图 19-19　“全球十大现役航母”项目样文

（5）格式设置：修改 B24 单元格内容为“统计 2012-2013 两年”，删除 C24:C26 单元格区域，选右侧单元格左移，加边框，调整宽度，居中排列。

（6）排序：按“类别”对表中字段降序排序。

（7）分类汇总：按分类字段“类别”，汇总方式“求和”和“平均值”，汇总项“绝对值”，勾选“汇总结果显示在数据下方”复选框，选择显示级别 3。

项目样文

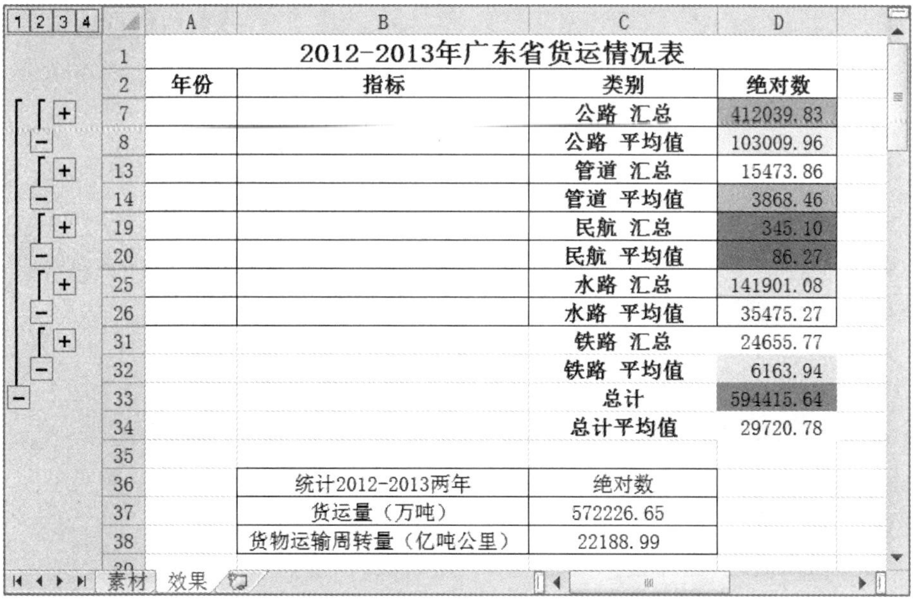

行	A	B	C	D
1	2012-2013年广东省货运情况表			
2	年份	指标	类别	绝对数
7			公路 汇总	412039.83
8			公路 平均值	103009.96
13			管道 汇总	15473.86
14			管道 平均值	3868.46
19			民航 汇总	345.10
20			民航 平均值	86.27
25			水路 汇总	141901.08
26			水路 平均值	35475.27
31			铁路 汇总	24655.77
32			铁路 平均值	6163.94
33			总计	594415.64
34			总计平均值	29720.78
35				
36		统计2012-2013两年	绝对数	
37		货运量（万吨）	572226.65	
38		货物运输周转量（亿吨公里）	22188.99	

图 19-20　“2012-2013 广东省货运情况表”项目样文

5. 2014 年 Q1 全球智能手机品牌排行榜

项目要求

如图 19-21 所示，按样文完成数据处理。

（1）数据有效性：对区域 B2:B12 设置有效性条件允许整数介于 0 和 11 之间。

（2）查看记录：用记录单方法查找中国记录。

（3）条件格式：对“升降”字段数据，使用图标集三向箭头（彩色）。

（4）合并计算：对区域 D2:F12 进行合并计算，函数为求和，标签为首行和最左，在 D15 单元格显示。

（5）格式设置：加边框，调整宽度，居中排列。

（6）排序：按“国家”对表中字段降序排序。

（7）分类汇总：按分类字段“国家”，汇总方式“求和”，汇总项“1Q14”和“4Q13”，勾选“替换当前分类汇总”和“汇总结果显示在数据下方”复选框。

（8）分类汇总：按分类字段“国家”，汇总方式“计数”，汇总项“公司”，不勾选“替换当前分类汇总”复选框，勾选“汇总结果显示在数据下方”复选框。选择显示级别 4，设置表中字体“仿宋，12”。

项目样文

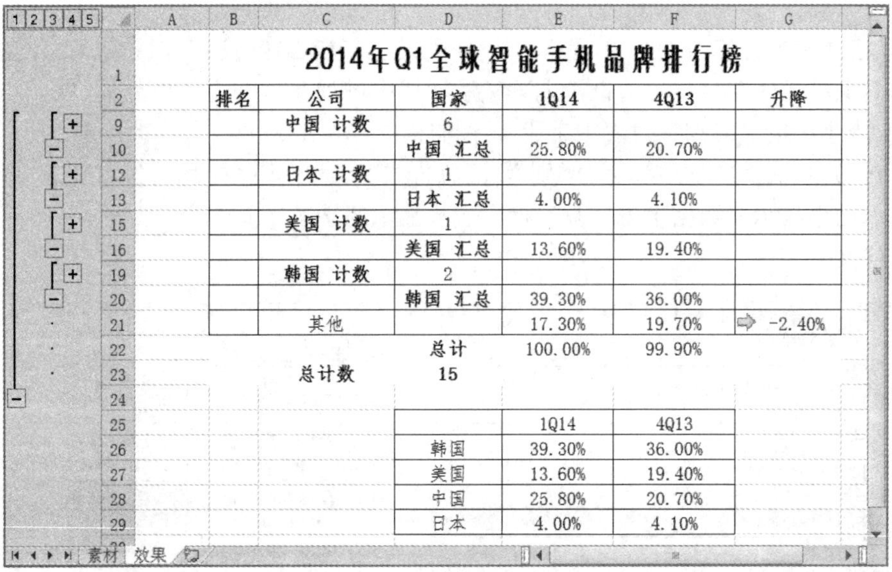

2014年Q1全球智能手机品牌排行榜

排名	公司	国家	1Q14	4Q13	升降
	中国 计数	6			
		中国 汇总	25.80%	20.70%	
	日本 计数	1			
		日本 汇总	4.00%	4.10%	
	美国 计数	1			
		美国 汇总	13.60%	19.40%	
	韩国 计数	2			
		韩国 汇总	39.30%	36.00%	
	其他		17.30%	19.70%	-2.40%
		总计	100.00%	99.90%	
	总计数	15			

	1Q14	4Q13
韩国	39.30%	36.00%
美国	13.60%	19.40%
中国	25.80%	20.70%
日本	4.00%	4.10%

图 19-21 “2014 年 Q1 全球智能手机品牌排行榜”项目样文

项目 20 数据透视——学会制作企业销售表

教学目标

（1）掌握数据透视表的创建和编辑等操作。

（2）学会对表格进行格式设置（数据透视表图、数据透视图）。

（3）熟练掌握使用切片器进行数据筛选。

项目描述

数据透视表和数据透视图是进行数据分析的重要工具，是以报表和图形的方式按需组合数据，满足不同的汇总和分类需求。本项目是通过对"销售分析表"中的数据分析，学会创建数据透视表、透视图和对表中数据的分类汇总等操作的方法和技巧。项目完成效果如图20-1所示。

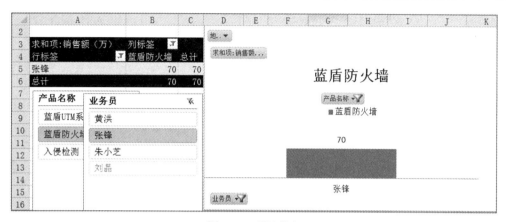

图 20-1　项目样文

任务 1　数据透视

数据透视表是一种交互的表格，可对数据进行快速汇总，对汇总结果进行定制筛选，以满足不同需求。功能是将筛选、排序和分类汇总等操作依次完成，并生成汇总表格。

图 20-2　"表格"功能组

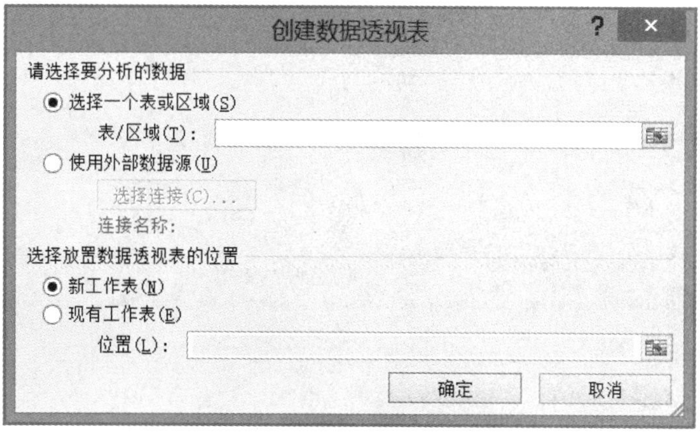

1. 创建数据透视表

在"插入"选项卡的"表格"组中，单击"数据透视表"按钮，如图20-2所示，在下拉列表中选取"数据透视表"选项，弹出的"创建数据透视表"对话框，如图20-3所示，选择要分析的数据和放置数据透视表的位置，单击"确定"按钮，弹出的"设计数据透视表"窗口如图20-4所示，在"数据透视表字段列表"窗格中选择要添加到透视报表的字段。

图 20-3　"创建数据透视表"对话框

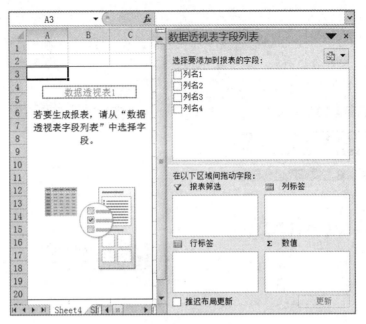

图 20-4 设计透视表窗口

项目实战

按项目要求，创建数据透视表，效果如图 20-5 所示。

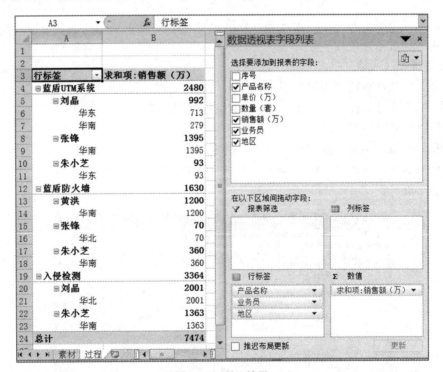

图 20-5 项目效果

2. 编辑数据透视表

在系统默认放置的字段标签上，单击弹出标签操作列表，如图 20-6 所示，选择要移动到的位置，重新编排标签的位置。在标签操作列表中选择"字段设置"选项，弹出"值字段设置"

对话框，如图 20-7 所示，设置字段的汇总方式和显示方式。

图 20-6　标签操作列表

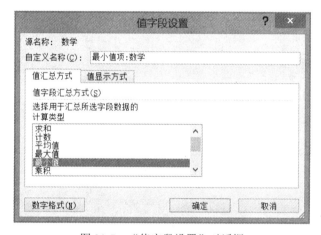

图 20-7　"值字段设置"对话框

项目实战

按项目要求，创建数据透视表，参数设置如图 20-8 所示，显示华北地区的销售情况，效果如图 20-9 所示。

图 20-8　参数设置

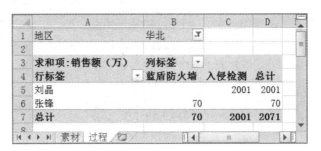

图 20-9   透视结果

任务 2   格式表格

1. 设计数据透视表

编辑完成后，单击"数据透视表字段列表"中的"关闭"按钮，关闭字段列表窗口。单击透视表区域，切换到"数据透视工具设置"选项卡，如图 20-10 所示，先选择"数据透视表样式选项"的选项，再选择"数据透视表样式"的式样。或双击透视表区域，自动生成新工作表文件，并进入"表格工具"选项卡，如图 20-11 所示，选择表格的式样。

图 20-10   "数据透视表工具设计"选项卡

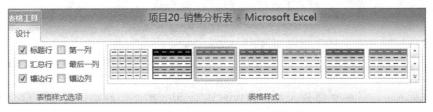

图 20-11   "表格工具设计"选项卡

项目实战

按项目要求，创建数据透视表，选项"镶边行"，样式"中等深浅 20"，效果如图 20-12 所示。

	A	B	C	D	E
1	地区	(全部)			
2					
3	求和项:销售额（万）	列标签			
4	行标签	蓝盾UTM系统	蓝盾防火墙	入侵检测	总计
5	黄洪		1200		1200
6	刘晶	992		2001	2993
7	张锋	1395	70		1465
8	朱小芝	93	360	1363	1816
9	总计	2480	1630	3364	7474

图 20-12   数据透视表效果

2．创建数据透视图

在"数据透视表工具选项"选项卡的"工具"组中单击"数据透视图"按钮，如图 20-13 所示，弹出"插入图表"对话框，如图 20-14 所示，选择一种图样式。

图 20-13　"数据透视图表工具"组

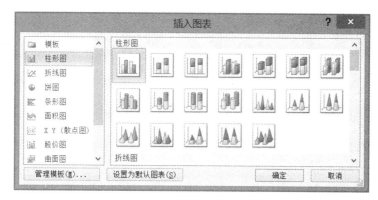

图 20-14　"插入图表"对话框

项目实战

按项目要求，选样式 2 和布局 2，效果如图 20-15 所示。

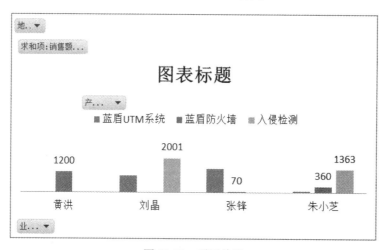

图 20-15　项目效果

任务 3　数据筛选

1．插入切片器

如图 20-16 所示，在"数据透视表工具选项"选项卡的"排序和筛选"组中单击"插入功片器"按钮，在下拉列表中选取"插入切片器"选项，弹出"插入切片器"对话框，如图 20-17 所示，选择要使用的列标名称，单击"确定"按钮，在弹出的对话框中选择具体的数据，则相应的内容补筛选出来。在列标名称上右击鼠标，选择"删除"命令，即可删除切片器。

图 20-16 排序和筛选功能组

图 20-17 "插入切片器"对话框

项目实战

按项目要求，选择"产品名称"作为切片器的列标，筛选"入侵检测"名称的数据内容，效果如图 20-18 所示。

图 20-18 项目效果

2. 切片器连接

在"数据透视表工具选项"选项卡的"排序和筛选"组中单击"插入功片器"按钮，在下拉列表中选取"插入功片器"选项，弹出"切片器连接"对话框，选择要连接的切片器。

项目实战

按项目要求，再添加"业务员"作为切片器的列标，在"切片器连接"对话框中选择"业务员"复选项，筛选"张锋"名称的数据内容，效果如图 20-19 所示。

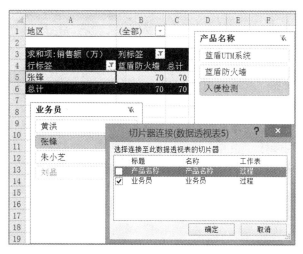

图 20-19　项目效果

综合实训 20

1. 分析 2014 年广东省国民经济主要指标

项目要求

如图 20-20 所示，按样文分析表中数据。

（1）创建数据透视表：选择区域 A2:E12，放置在现有工作表的 G2 位置。

（2）编辑字段位置：报表筛选"年份"，行标签"类别"和"明细"。

（3）数值设置：求和项"数据"，求平均值项"增长率"。

（4）设置平均值项列数字类型：数值型，小数位 2，负数表为-1234.10。

（5）数据透视表样式：选项"镶边行"，样式"浅色 19"。

（6）数据透视图：饼图，布局 6，样式 2。

（7）切片器：创建"类别"和"明细"两个切片器。

（8）切片器连接：取消"明细"切片器的连接，选择类别切片的"工业"项，关闭"数据透视表列字段"对话框。

项目样文

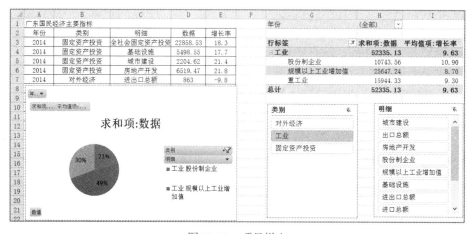

图 20-20　项目样文

2. 分析 2013 年末广东省金融机构存贷指标

项目要求

如图 20-21 所示，按样文分析表中数据。

（1）创建数据透视表：选择区域 A2:D8，放置在现有工作表的 A10 位置。

（2）编辑字段位置：报表筛选"类别"，行标签"指标"。

（3）数值设置：求和项"绝对数"，求平均值项"比上年末增长"。

（4）设置平均值项列数字类型：数值型，小数位 2，负数表为-1234.10。

（5）数据透视表样式：选项"镶边列"，样式"中等深浅 21"。

（6）数据透视图：柱形图，平均增长率为折线图，副坐标轴布局 6，样式 2。

（7）切片器：创建"类别"和"指标"两个切片器。

（8）切片器连接：选择类别切片的"存款"项，关闭"数据透视表列字段"对话框。

项目样文

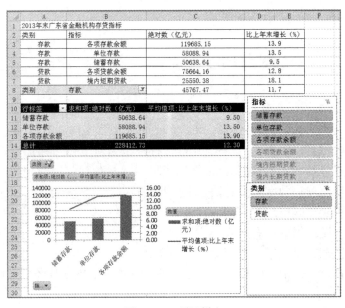

图 20-21　项目样文

3. 分析 2013 年广东常住人口构成

项目要求

如图 20-22 所示，按样文分析表中数据。

（1）创建数据透视表：选择区域 A2:D9，放置在现有工作表的 E2 位置。

（2）编辑字段位置：报表筛选"类别"，行标签"指标"。

（3）数值设置：求和项"年末人数"。

（4）设置"年末人数列"数字类型：数值型，小数位 2，负数表为-1234.10。

（5）数据透视表样式：选项全不选，样式"中等深浅 11"。

（6）数据透视图：圆环图，布局 6，样式 33。

（7）切片器：创建"指标"切片器，选择指标观察变化。

（8）单击指标窗口右上角的"清除筛选器"按钮，在透视表的类别中选择"年龄"，调整图表的大小和位置。

项目样文

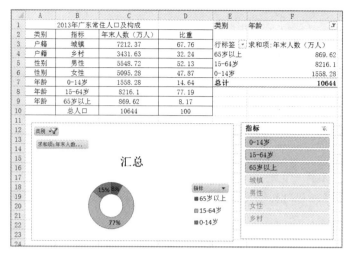

图 20-22　项目样文

4. 分析蓝盾股份经营分析表

项目要求

如图 20-23 所示，按样文分析表中数据。

（1）创建数据透视表：选择区域 A2:H11，放置在现有工作表的 A14 位置。

（2）选择字段列表中的"类别"、"业务对象或名称"、"营业收入"、"营业成本"

（3）编辑字段位置：报表筛选"类别"，行标签"业务对象或名称"。

（4）数值设置：求和项"营业收入"，最小值项"营业成本"。

（5）数据透视表样式：选项全选，样式"中等深浅 16"。

（6）数据透视图：簇状条形图，布局 10，样式 31。

（7）切片器：创建"业务对象或名称"切片器，选择指标观察变化。

（8）单击指标窗口右上角的"清除筛选器"按钮，在透视表的类别中选择"按产品"，调整图表的大小和位置。

项目样文

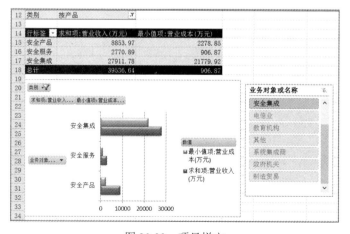

图 20-23　项目样文

5. 分析 2013 年广东招生情况表

项目要求

如图 20-24 所示，按样文分析表中数据。

（1）创建数据透视表：选择区域 A3:G13，放置在现有工作表的 A18 位置。

（2）选择字段列表中的"指标"、"招生"、"在校生"、"毕业生"

（3）编辑字段位置：报表筛选无，行标签"指标"。

（4）数值设置：求和项"在校生"，"毕业生"和"招生"。

（5）数据透视表样式：选项全选，样式"中等深浅 16"。

（6）数据透视图：原分比堆积水平柱状图，布局 1，样式 2。

（7）切片器：创建"指标"切片器，选择指标观察变化。

（8）清除筛选器：在行标签中选择"成人本专科"、"普通高中"、"初中"。

项目样文

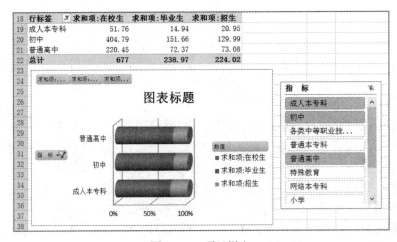

图 20-24　项目样文

第5部分 演示文稿软件 PowerPoint 2010

项目21 美化编辑——学会制作企业简介

教学目标

（1）学会新建、保存和放映演示文稿。

（2）掌握添加、复制、分节幻灯片，会设计幻灯片的版式。

（3）掌握文本、图片、表格、图表、图示的编辑方法。

项目描述

本项目通过制作"公司简介"，从零开始制作演示文稿，学会新建演示文稿、添加幻灯片、更改版式、添加常用对象、修饰幻灯片、保存和放映演示文稿等操作，项目完成效果如图21-1所示。

图 21-1　项目样文

任务1　新建文稿

1. 新建演示文稿

单击"文件"选项卡，再单击"新建"选项，双击"可用模板和主题"区的"空白演示文稿"按钮，即可创建一个空白演示文稿，或按 Ctrl+N 组合键。也可以选择"样本模板"、"主题"等或"Office.com 模板"区中的模板建立新的演示文稿，如图 21-2 所示。

2. 保存演示文稿

保存演示文稿时，要选择保存的磁盘和文件夹，之后输入文件名，默认的扩展名为".pptx"，如图 21-3 所示。演示文稿第一次保存时，系统会弹出"另存为"对话框，输入文件名后，单击"保存"按钮。单击"快速访问工具栏"中的"保存"按钮，或在"文件"选项卡中单击"保存"按钮，或按 Ctrl+S 组合键，都可以保存演示文稿。

3. 放映幻灯片

使用快捷键 F5，或选择"幻灯片放映"→"开始放映幻灯片"→"从头开始"或"从当前幻灯片开始"选项，如图 21-4 所示。

图 21-2 "新建演示文稿"窗口

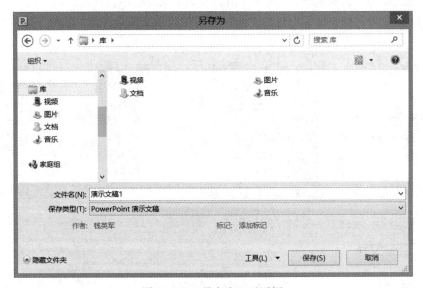

图 21-3 "另存为"对话框

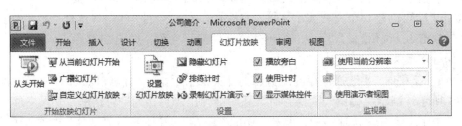

图 21-4 "幻灯片放映"选项卡

项目实战

利用"样本模板"中的"培训"创建一个新演示文稿,先从头开始播放,再选定从第 10 个幻灯片开始播放。再新建"空白演示文稿",命名为"公司简介.pptx"。

任务 2　幻灯片

一个演示文稿由多张幻灯片构成，幻灯片是演示文稿的基本工作单元。幻灯片的基础操作包括：幻灯片的新建、幻灯片版式更改、幻灯片的移动、幻灯片的复制，以及分节组合管理多张幻灯片。

1. 新建幻灯片

打开演示文稿，右击"幻灯片/大纲"窗格，在快捷菜单中选择"新建幻灯片"命令，如图21-5 所示；或双击"开始"选项卡上"幻灯片"组中的"新建幻灯片"按钮，如图21-6 所示。

图 21-5　利用快捷菜单新建幻灯片　　　　图 21-6　"新建幻灯片"按钮

2. 复制幻灯片

先选定幻灯片，按住鼠标左键，再按住 Ctrl 键，拖动到合适的位置后松开鼠标左键即可；选定幻灯片后，单击"开始"选项卡"剪贴板"组中的"复制"按钮，然后单击同组"粘贴"按钮。

3. 更改幻灯片版式

幻灯片版式主要用来设置幻灯片中各元素的布局（如占位符的位置和类型等）。用户可在新建幻灯片时选择幻灯片版式，也可在创建好幻灯片后，单击"开始"选项卡"幻灯片"组中的"版式"按钮，如图21-7 所示，在展开的下拉菜单中，重新为当前幻灯片选择版式。

图 21-7　"版式"下拉菜单

4. 将幻灯片组织成节形式

在 PowerPoint 2010 中，用户可以使用新增的"节"功能组织幻灯片，起到分类和导航的作用。单击"开始"选项卡"幻灯片"组中的"节"按钮，可看到展开的关于"节"使用的命令项，包括节的新建、重命名、删除、展开与折叠操作，如图 21-8 所示。

图 21-8 "节"的使用命令项

项目实战

新建 1 张幻灯片并将其复制，设置第 1 张幻灯片版式为"标题幻灯片"，第 2 张幻灯片版式为"内容与标题"，第 3 张幻灯片版式为"比较"。在"幻灯片/大纲"窗格右击第 2 张幻灯片，选择"新增节"命令，然后在节标题处右击，选择"重命名节"命令，将节名更改为"主体内容"，完成效果如图 21-9 所示，再删除新建的节。

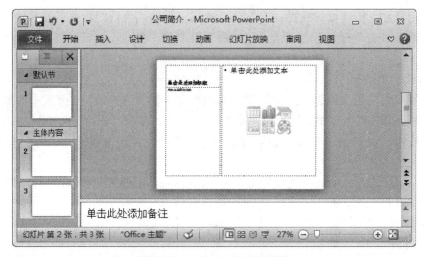

图 21-9 新增"节"完成效果

任务 3 添加文本

文本内容是幻灯片中使用最广泛的对象，输入文本包括 3 种途径：在"占位符"中输入文本、绘制文本框输入文本、在大纲窗格中输入文本。如果用户对输入的文本不满意，可以切换至"开始"选项卡，使用"字体"组和"段落"组的工具进行文本、段落格式的设定。

1. 输入文本

（1）在占位符中输入文本。单击"占位符"，将插入点置于"占位符"内，直接输入文本。输入完毕后，单击幻灯片的空白处，即可结束文本输入，并使该"占位符"的虚线边框消失。

（2）绘制文本框输入文本。在"插入"选项卡"文本"组中单击"文本框"按钮，如图

21-10 所示。然后在要插入文本框的位置按住鼠标左键不放并拖动，即可绘制一个文本框。

图 21-10　绘制文本框输入文本

（3）在大纲窗格中输入文本。在"大纲"窗格中输入文字，可以一边输入一边清晰地查看到整个演示文稿中文本内容的结构和层次关系。

项目实战

选中第 1 张幻灯片，在标题占位符输入"让你的安全更智慧"，在副标题占位符输入"蓝盾信息安全技术股份有限公司"，右下角插入横排文本框，输入内容"股票代码：300297"。切换到"大纲"窗口，选中第 2 张幻灯片，在"单击此处添加标题"中输入"关于蓝盾"，将项目 21 素材文件中的有关内容复制到"单击此处添加文本"中。选中第 3 张幻灯片，在标题占位符输入"中国蓝盾专业铸就安全"。

2．格式化文本

使用"开始"选项卡的"字体"组、"段落"组及"格式"选项卡的"艺术字样式"组，如在 Word 中设置字体、段落、艺术字一样操作。

项目实战

在第 1 张幻灯片中，设置标题前 5 个字为"华文隶书"、"54"，后三个字为"华文行楷"、"红色"、"36"，设置标题副标题字体"微软雅黑"、"24"、"蓝色"、"右对齐"。在第 2 张幻灯片中，设置标题"关于蓝盾"，字体"华文新魏"、"红色"、"54"，文本部分字体"宋体"、"16"，段落首行缩进"1.27"、段前后"6 磅"、行距"1.5 倍"，应用快速样式中第 4 行第 4 列样式，切换到幻灯片浏览视图，效果如图 21-11 所示。在第 3 张幻灯片中，设置标题为"华文隶书"、"54"、"蓝色"。

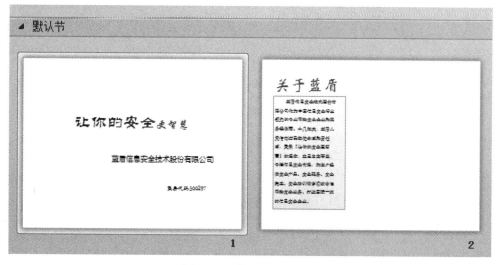

图 21-11　格式化文本效果

任务 4　添加对象

1. 插入图片

单击"插入"选项卡"图像"组中的"图片"按钮，打开"插入图片"对话框，选择要插入的图片，单击"插入"按钮，即可将所选的图片插入到当前幻灯片的中心位置。也可以直接单击内容占位符中的"插入来自文件的图片"图标来添加，如图 21-12 所示，还可以使用复制和粘贴的快捷方式。

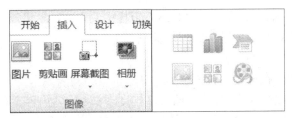

图 21-12　插入图片的两种方法

2. 美化图片

单击图片对象，系统智能打开"图片工具"的"格式"选项卡，如图 21-13 所示，有调整、图片样式、排列、大小 4 个组的工具可以美化图片。

图 21-13　图片工具

项目实战

在第 2 张幻灯片中插入企业商标图片，设置图片样式为样式库中第 1 排第 2 个"棱台亚光，白色"效果。在第 3 张幻灯片中依次插入合作企业商标图片，设置图片样式依次为样式库中的前 4 个效果，项目完成效果如图 21-14 所示。

图 21-14　美化图片效果

3. 插入表格

单击"插入"选项卡的"表格"下拉按钮，弹出"插入表格"对话框，如图 21-15 所示，选择需要产生表格的方式，也可以直接单击内容占位符中的"插入表格"图标来添加。

图 21-15　"插入表格"对话框

4. 美化表格

选定表格后，系统智能打开图片工具，有"设计"选项卡（如图 21-16 所示）、"布局"选项卡（如图 21-17 所示）用于格式化表格，操作与 Word 相似。

图 21-16　"设计"选项卡

图 21-17　"布局"选项卡

项目实战

在第 3 张幻灯片右侧标题占位符输入"联系我们"，字体为"华文隶书"。内容占位符中插入 5 行 2 列的表格，按项目 21 素材文件内容录入信息，设置表中字体为"宋体"、"11"，样式"中度样式 3-强调 4"，第 1 列的"列宽"为 3，"对齐方式"水平和垂直都居中，第 2 列的"列宽"为 8，"对齐方式"水平左对齐和垂直都居中，项目完成效果如图 21-18 所示。

5. 插入图表

单击"插入"选项卡"插图"组的"图表"按钮，弹出"插入图表"对话框，选择需要的图表类型，自动打开"PowerPoint 中的图表"窗口，如图 21-19 所示，在工作表中输入图表源数据，表中修改的数据会自动更新到幻灯片中的图表。

6. 美化图表

选定图表后，系统智能打开图表工具，有"设计"选项卡（如图 21-20 所示）、"布局"选项卡（如图 21-21 所示），用于格式化表格，操作与 Excel 相似。

图 21-18　设置效果

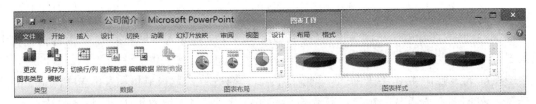

图 21-19　"PowerPoint 中的图表"窗口

图 21-20　"设计"选项卡

图 21-21　"布局"选项卡

项目实战

在第 2 张幻灯片中插入"分离型三维饼图"，按项目 21 素材文件中的内容修改图表数据。选择图表布局 6，图表样式 26，效果如图 21-22 所示。

图 21-22　插入图表效果

综合实训 21

1.　印象科贸

项目要求

根据"综合实训 21-1 资源文件"内容，按样文制作演示文稿，效果如图 21-23 所示。

图 21-23　"印象科贸"样文

（1）新建演示文稿。利用样本模板中的"古典相册"创建，保存为"21-1.pptx"

（2）播放模板文件。仔细查看提示操作的步骤。

（3）首页修改。选中第 1 张幻灯片，修改相册名称为"印象科贸"，插入当前的日期，选择自动更新，插入 2 张新幻灯片。

（4）选择第 2 张幻灯片。更改版式为"2 纵栏带标题"，更改图片为资源文件中的第 1 和第 2 幅图，分别加标题"校园一角"、"运动天地"，设置字体为"华文楷体"、"24"、"居中排列"。

（5）选择第 3 张幻灯片。更改版式为"2 横栏带标题"，更改图片为资源文件中的第 3 和第 4 幅图，分别加标题"校园剪影"、"你想到了什么"，设置字体为"华文楷体"、"24"、"居中排列"。

（6）图片效果。对图片 1 选择形状效果中的"预设 9"，对图片 2 选择形状效果中的"预设 12"，对图片 3 选择形状中的"紧密映像，8pt 偏移量"，对图片 4 选择图片样式中的"柔化边缘椭圆"。

（7）从第 4 张幻灯片起加节。按 Delete 键删除。

（8）切换到"幻灯片浏览"视图，查看并重新播放演示文稿。

2. 蓝盾万兆智能防火墙

项目要求

根据"综合实训 21-2 资源文件"内容，按样文制作演示文稿，效果如图 21-24 所示。

图 21-24   "蓝盾万兆智能防火墙"样文

（1）新建文稿。新建空白演示文稿，另存为"21-2.pptx"。

（2）添加幻灯片。添加至 3 张幻灯片，设置第 1 张幻灯片的版式为"标题幻灯片"，第 2 张幻灯片版式为"内容和标题"，第 3 张幻灯片版式为"比较"。

（3）编辑标题。在第 1 张幻灯标题处输入"蓝盾万兆智能防火墙"，设置字体"华文琥珀"、"54"，后三个字为"华文行楷"、"红色"。副标题处输入"安全产品"，设置字体"华文行楷"、"44"、"紫色"。

（4）编辑文本。在第 2 张幻灯左侧添加标题处输入"产品概述"，设置字体"华文隶书"、"40"、"深红色"。在左侧添加文本处复制资源文件中相关内容，设置字体"华文行楷"、"18"、段落前后 6 磅、首行缩进"1.27"、行距"2 倍"、应用快速样式中的第 6 行第 2 列样式。

（5）编辑图片。在第 2 张幻灯右侧复制资源文件中产品的图片，对正面图设置"内部左上角"阴影，对背面图设置"内部右下角"阴影。

（6）编辑表格。在第 3 张幻灯左侧添加标题处输入"主要性能指标"，设置字体"华文行楷"、"32"、"绿色"，插入 8 行 2 列的表格，复制资源文件中的相关内容，设置表中字体"仿宋"、"12"、"加粗"，列宽为 5、行高为 1，"对齐方式"水平和垂直都居中，样式"主题样式 1-强调 1"。

（7）编辑 SmartArt 插图。在第 3 张幻灯右侧添加标题处输入"关键技术"，设置字体"华文行楷"、"32"、"绿色"，插入 SmartArt 图形，布局"梯形列表"、样式"优雅"，更改颜色为"彩色填充-强调文字颜色 1"，复制资源文件中的相关内容，设置图中文字"宋体"、"12"。

3. 蓝盾学院

项目要求

根据"综合实训 21-3 资源文件"内容，按样文制作演示文稿，效果如图 21-25 所示。

（1）新建文稿。新建空白演示文稿，另存为"21-3.pptx"。

（2）添加幻灯片。添加至 3 张幻灯片，设置第 1 张幻灯片的版式为"标题幻灯片"，第 2 张幻灯片版式为"内容和标题"，第 3 张幻灯片版式为"两栏内容"。

（3）编辑标题。在第 1 张幻灯标题处输入"蓝盾学院"，设置字体"华文琥珀"、"48"，副标题处输入"Train"，设置字体"Gungsuh"、"32"、"红色"、"加粗"。

图 21-25 "蓝盾学院"样文

（4）编辑 SmartArt 插图。在第 2 张幻灯片标题处输入"培训方式"，设置字体"华文新魏"、"54"、"红色"。插入 SmartArt 图形，布局"垂直箭头列表"，样式"优雅"，更改颜色为"彩色范围-强调文字颜色 4 至 5"，复制资源文件中的相关内容，SmartArt 样式"卡通"。

（5）编辑表格。在第 3 张幻灯片右侧添加标题处输入"资质认证"，设置字体"华文隶书"、"32"、"红色"、"居中"，插入 7 行 3 列的表格，复制资源文件中的相关内容，设置表中字体"楷体"、"11"、首行"加粗"，第 1 列宽为 3，第 2 和 3 列宽为 4，"文本左对齐"、垂直中部对齐，样式"主题样式 2-强调 2"。

（6）编辑图片。在第 3 张幻灯片左侧添加标题处输入"培训体系"，设置字体"华文行楷"、"32"、"绿色"，复制资源文件中的图片，设置图片大小 5×10cm、图片样式"复杂框架黑色"。

4. 蓝盾股份销售分析表

项目要求

根据"综合实训 21-4 资源文件"内容，按样文制作演示文稿，效果如图 21-26 所示。

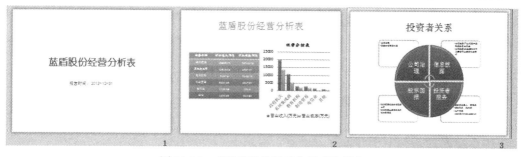

图 21-26 "蓝盾股份经营分析表"样文

（1）新建文稿。新建空白演示文稿，另存为"21-4.pptx"。

（2）添加幻灯片。添加至 3 张幻灯片，设置第 1 张幻灯片的版式为"标题幻灯片"，第 2 张幻灯片版式为"两栏内容"，第 3 张幻灯片版式为"标题和内容"

（3）编辑标题。在第 1 张幻灯片标题处输入"蓝盾股份经营分析表"，设置字体"幼圆"、"44"、"深红"、加粗，副标题处输入"报告时间：2013-12-31"，设置字体"黑体"、"20"、"蓝色"。

（4）编辑表格。在第 2 张幻灯片标题处输入"蓝盾股份经营分析表"，设置字体"华文隶书"、"44"、"绿色"、"居中"。插入 7 行 3 列的表格，复制资源文件中的相关内容，设置表中字体为"仿宋"、"12"、文本水平垂直居中对齐、样式为"主题样式 2-强调 5"。

（5）插入图表。在第 2 张幻灯片右侧插入簇状柱形图表，使用资源文件中的数据，图表布局 3、图表样式 27，输入图表标题"经营分析表"，字体"华文楷体"，大小"20"。

（6）编辑文本。在第 3 张幻灯片标题处输入"投资者关系"，设置字体为"华文中宋"、"44"、"红色"。

（7）编辑 SmartArt 插图。在第 3 张幻灯片插入 SmartArt 图形，布局"循环矩阵"，样式"优雅"，更改颜色为"彩色填充-强调文字颜色 1"，复制资源文件中的相关内容，SmartArt 样式"嵌入"。

5．产品介绍

项目要求

根据"综合实训 21-5 资源文件"内容，按样文制作演示文稿，效果如图 21-27 所示。

图 21-27   "产品介绍"样文

（1）新建文稿。新建空白演示文稿，另存为"21-5.pptx"。

（2）添加幻灯片。添加至 3 张幻灯片，设置第 1 张幻灯片的版式为"标题幻灯片"，第 2 张幻灯片版式为"两栏内容"，第 3 张幻灯片版式为"比较"。

（3）编辑标题。在第 1 张幻灯片标题处输入"迄今为止最快的小米手机"，设置字体为"华文琥珀"、"54"、"深红"、加粗，副标题处输入"小米手机 3"，设置字体为"华文隶书"、"40"、"绿色"。

（4）编辑文本。在第 2 张幻灯片标题处输入"工艺最出色的小米手机"，设置艺术字样式"填充-蓝色，强调文字颜色 1，塑料棱台，映像"。设置字体为"华文细黑"、"54"。在第 2 张幻灯片右侧复制资源文件中的相关内容，对其中正文部分，设置文本之前缩进 0 厘米、首行缩进 1.27 厘米、段落前后 6 磅、1.5 倍行距，字体"宋体"，字号 18，快速样式"强列效果-红色，强调颜色 2"，大小 5×10cm。

（5）插入视频，在第 2 张幻灯片左侧插入资源文件提供的视频，设置大小 5×10cm，移动到右侧文字下方。

（6）编辑图片。在第 2 张幻灯片左侧插入资源文件提供的图片，设置图片样式"映像右透视"。

（7）编辑 SmartArt 插图。在第 3 张幻灯片标题处输入"小米服务"，设置第 1 个艺术字效果，插入 SmartArt 图形，布局"水平项目符号列表"，样式"优雅"，更改颜色为"彩色范围-强调文字颜色 5 至 6"，复制资源文件中的相关内容，SmartArt 样式"细微效果"。

项目 22   影音动画——学会制作企业解决方案

教学目标

（1）掌握如何新建、编辑、使用相册。

（2）学会添加音频和视频对象。

（3）熟练掌握添加动画、动画效果选项、动画计时、动画刷等常用操作。

（4）掌握幻灯片切换方式、切换效果、切换音效等设置。

项目描述

本项目通过制作"蓝盾数据解决方案"电子相册，使学生学会创建相册、添加影音、添加动画、切换幻灯片，学会利用相册批量处理图片，学会使用动画刷快速复制动画等，电子相册完成效果如图 22-1 所示。

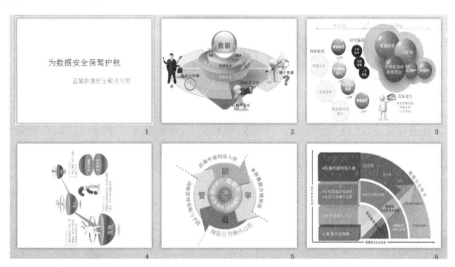

图 22-1　项目样文

任务 1　使用相册

1．新建相册

单击"插入"选项卡"图像"组中的"相册"按钮，打开"相册"对话框，如图 22-2 所示。单击"文件/磁盘"按钮，选择需要制作相册的照片，单击"创建"按钮。

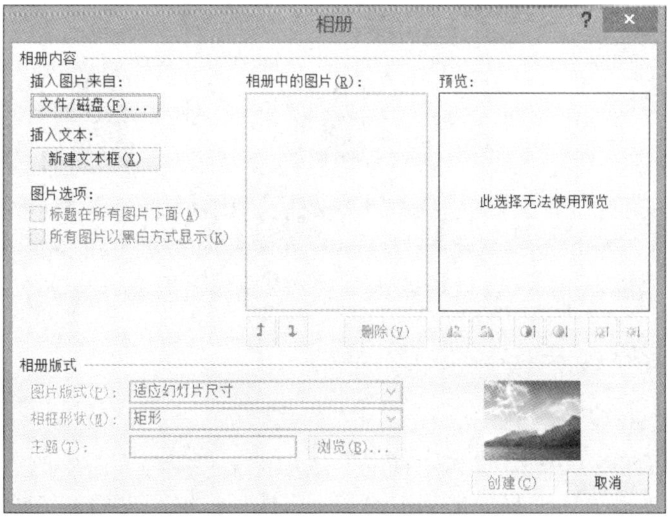

图 22-2　"相册"对话框

2. 编辑相册

单击"插入"→"图像"→"相册"→"编辑相册"命令，如图 22-3 所示，打开"相册"对话框，在"相册内容"中的图片可以设置排列顺序、删除、翻转、调节亮度和对比度等，在"相册版式"中可设置"图片的版式"和"主题"等，设置后单击"更新"按钮。

图 22-3　"编辑相册"按钮

项目实战

新建相册文件，将项目 22 资源文件中的图片添加到相册中，修改首页标题为"为数据安全保驾护航"，修改创建作者为"蓝盾数据安全解决方案"，保存文件名为"蓝盾数据安全解决方案.pptx"。将第 3 幅图片进行翻转调整，设置相册版式为"1 张带标题"版式，设置相框形状为"圆角矩形"，主题为"流畅"，输入相应图片的标题，单击"更新"按钮，效果如图 22-4 所示。

图 22-4　创建相册效果

任务 2　添加影音

1. 添加音频文件

选择要插入声音的幻灯片，单击"插入"选项卡上"媒体"组中的"音频"按钮下方的三角按钮，在展开的列表中选择"文件中的音频"选项，展开"插入音频"列表，如图 22-5 所示，然后选择要插入的声音文件即可。

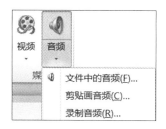

图 22-5　音频按钮

2．设置音频选项

选择音频图标，显示音频工具"格式"选项卡，如图 22-6 所示，其中可以设置音频图标的颜色、亮度、外观样式和形状等；音频工具"播放"选项卡，如图 22-7 所示，"编辑"组下的"剪裁音频"功能可以对音频长度剪裁，其中"音频选项"组可以设置跨页播放音频、循环播放、放映时隐藏选项等。

图 22-6　音频工具"格式"选项卡

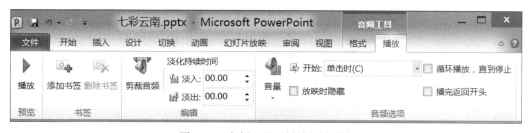

图 22-7　音频工具"播放"选项卡

3．添加视频文件

单击"插入"选项卡"媒体"组中的"视频"按钮，支持文件中的视频、来自网站的视频、剪贴画视频三种方式。

项目实战

在第 1 张幻灯片中插入项目素材文件夹下的"月光.mp3"音频作为背景音乐。设置图片样式为"金属椭圆"。设置背景音乐，从开始至第 4 分钟结束。设置播放为"跨幻灯片播放"、"循环播放，直到停止"和"放映时隐藏"。

任务 3　设置动画

1．添加动画效果

单击"动画"选项卡，如图 22-8 所示，有"预览"、"动画"、"高级动画"和"计时"四个功能组。动画主要有"进入"、"强调"、"退出"和"动作路径"4 种类型。单击对象，从动画库中选择相应动画即可，每个对象可应用一个或多个动画效果。

图 22-8　"动画"选项卡

2. 查看动画效果

单击"动画"选项卡"高级动画"功能组中的"动画窗格"按钮，打开"动画窗格"对话框，此时选定幻灯片中的不同对象，在动画窗格中，相应对象会被列出，且动画菜单中有关动作也处于选中状态，单击动画右侧的三角按钮，如图 22-9 所示，可查看动画如何开始，也可进行相关动画设置。

图 22-9　动画设置的下拉列表

3. 设置动画效果

选定已添加动画的对象，打开"动画窗格"对话框，选中动画设置下拉列表中的"效果选项"命令，弹出针对当前对象的效果选项的对话框，如图 22-10 所示。

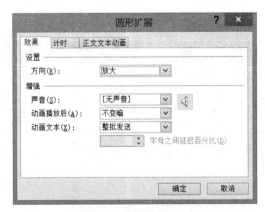

图 22-10　效果选项的对话框

项目实战

在第 1 张幻灯片中，设置标题动画为"翻转式由远及近"，副标题动画为"形状"，效果选项"放大"。在第 2 张幻灯片中，设置图片动画为"轮子"，效果选项为"8 轮辐图案"，声音为"照相机"，动画播放后"不变暗"。

4. 设置动画计时

选择要设置的动画，通过"动画"选项卡"计时"组的按钮可设置开始时间、持续时间，如图 22-11 所示。或者单击"效果选项"对话框的"计时"组进行相应设置。

图 22-11　"动画"选项卡的"计时"组

5. 复制动画效果

使用"动画"选项卡"高级动画"组中的"动画刷"工具按钮，可复制动画效果，单击"动画刷"按钮可使用一次，双击"动画刷"按钮可使用多次。

6. 多重动画效果

选择已添加动画对象，单击"动画"选项卡"高级动画"组中的"添加动画"按钮，用同样方法可为一个对象添加多个动画效果。

项目实战

在第 3 张幻灯片中，设置图片动画为更多效果型中的"十字形扩展"，设置计时开始为"与上一动画同时"，持续时间为"02.00"，延迟为"00.25"。用"动画刷"复制动画效果到第 4 和第 5 张幻灯片图片。在第 6 张幻灯片中，设置图动画为自左下部飞入、水平垂直放大缩小、随机线条轮子退出三个动画。

任务 4　设置切换

幻灯片切换效果是在演示期间从一张幻灯片移到下一张幻灯片时的、在"幻灯片放映"视图中出现的动画效果。通过设置"切换"选项卡，如图 22-12 所示，可设置幻灯片切换效果（包括切换效果的速度、出现方向），还可为切换效果添加相应的声音等。

图 22-12　"切换"选项卡

1. 选择幻灯片切换方式

幻灯片切换效果主要分为细微型、华丽型和动态内容三类，如图 22-13 所示，在"大纲/幻灯片"选项卡的窗格中单击"幻灯片"选项卡，选择要添加切换效果的幻灯片缩略图；在"切换"选项卡的"切换到此幻灯片"组中，单击要应用于该幻灯片的幻灯片切换效果。

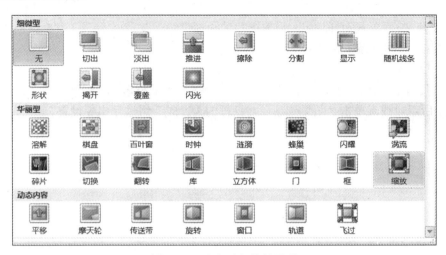

图 22-13　幻灯片切换的类型

2. 设置幻灯片切换效果

幻灯片切换效果一般包括动画进入屏幕的位置及运行方向。添加幻灯片切换效果后，单击"切换"选项卡"切换到此幻灯片"组中的"效果选项"按钮，从弹出的列表中选择方向。

3. 设置切换音效和动画放映时间

在"切换"选项卡的"计时"组中，可以设置换片的方式、自动换片的时间、换片的声音及换片的持续时间，单击"全部应用"按钮，可将当前幻灯片的切换效果应用到全部幻灯片上。

项目实战

设置切换类型为"立方体"、效果选项为"自右侧"；设置声音为"风铃"、持续时间为"02.00"、自动换片时间为"00:03.00"。保存文件，另存为同名文件，类型为"ppsx"。

综合实训 22

1. 论语经典

项目要求

使用综合实训 22-1 文件夹素材，按步骤制作演示文稿。

（1）创建相册：导入文件夹下的所有图片，设定版式为"1 张图片"，相框形状为"适应幻灯片尺寸"，删除相册封面，对换图片"2.jpg"与图片"6.jpg"的位置，保存为"22-1.pptx"。

（2）添加影音：在相册封面页添加文件夹下的背景音乐，设置循环播放、跨幻灯片播放、音乐图标置于底层。

（3）设置动画：为第 1 张图片添加进入动画效果为楔入；添加强调动画效果为放大/缩小，效果选项为水平，数量为较大。第 2 张图片进入动画效果为左侧飞入。

（4）设置幻灯片切换：第 1 页幻灯片"无切换"；第 2 页幻灯片"自左侧揭开"，声音为"照相机"；其余所有幻灯片为"自右侧立方体"；所有切换设置自动换片时间"00:05"，不支持单击鼠标换片。

（5）另存为文件，文件名"22-1.ppsx"。

2. 圣诞贺卡

项目要求

使用综合实训 22-2 文件夹素材，按步骤制作演示文稿。

（1）创建相册：导入文件夹下的 4 张贺卡背景图片，设定版式为"1 张图片"，删除相册封面，调整每张图片的大小（每个方向均留下小边距），在雪景对应幻灯片，在雪山顶部插入图片"圣诞老人.gif"，保存为"22-2.pptx"。

（2）添加影音：添加文件夹下的背景音乐，裁剪音频到"01:10"结束，跨多张幻灯片循环播放，同时在放映时隐藏音频图标。

（3）设置动画：设置"圣诞老人.gif"进入动画"从顶部飞入"，持续时间"01:00"，"上一动画之后"开始；添加动作路径为"右下转弯"，编辑路径，长度拉伸至山脚屋子门口，持续时间"03:00"，"上一动画之后"开始，添加消失动作。

（4）设置幻灯片切换：第 1 张幻灯片为"自左侧传送带"；第 2 张幻灯片为"居中涟漪"；第 3 张幻灯片为"闪光"；第 4 张幻灯片为"摩天轮"。

（5）另存为文件，文件名"22-2.ppsx"。

3. 漫步校园

项目要求

使用综合实训 22-3 文件夹素材，按步骤制作演示文稿。

（1）创建相册：导入文件夹下的图片，设定版式为"2 张图片"，相框形状为"矩形"，修改相册封面标题为"漫步校园"，副标题添加内容"我爱我的家"，调整图片顺序，图片"8.jpg"移至图片"1.jpg"的前边；设置背景，预设为"雨后初晴"，应用于所有幻灯片，保存为"22-3.pptx"。

（2）添加影音：在相册封面页添加文件夹下背景音乐，在第 5 张幻灯片后结束，放映时隐藏音频图标。

（3）设置动画：相册封面标题进入动画"空翻"，声音"推动"，动画播放后变暗颜色"黄色"；副标题进入动画"基本旋转"，动画播放后变暗颜色"红色"，动画顺序"背景音乐最先"。每张幻灯片左侧的图片进入效果"左侧切入"；右侧的图片进入效果"右侧切入"。

（4）设置幻灯片切换：左侧推进，全部应用。

（5）另存为文件，文件名"22-3.ppsx"。

4. 满园花开

项目要求

使用综合实训 22-4 文件夹素材，按步骤制作演示文稿。

（1）创建相册：导入文件夹下的 6 张背景图片，设定版式为"1 张图片"，相框形状"柔化边缘矩形"，修改相册封面标题为"满园花开"，删除副标题，保存为"22-4.pptx"。

（2）添加影音：在相册封面页添加文件夹下背景音乐，裁剪音频从"00:05"开始播放，跨多张幻灯片循环播放，在放映时隐藏音频图标。

（3）设置动画：为相册封面标题"满园花开"，设定进入动画为"空翻"。为第 1 张图片添加进入动画效果为"翻转式由远及近"；添加强调动画效果为"放大/缩小"，效果选项"两者"，数量"较大"。使用"动画刷"，让每一张图片都与第 1 张图片有相同的动画效果。

（4）设置幻灯片切换：分割，效果选项"中央向左右展开"，全部应用。

（5）另存为文件，文件名"22-4.ppsx"。

5. 美食天地

项目要求

使用综合实训 22-5 文件夹素材，按步骤制作演示文稿。

（1）创建相册：导入文件夹下的除"bj.jpg"外的所有图片，设定版式为"4 张图片（带标题)",相框形状"简单框架,白色";修改相册封面标题为"美食天地",删除副标题,为每页幻灯片添加对应标题;按照"粤菜"、"湘菜"、"东北菜"的顺序调整幻灯片;设置"bj.jpg"为背景,应用于所有幻灯片,保存为"22-5.pptx"。

(2)添加影音:在相册封面页添加文件夹下的背景音乐,设置跨幻灯片播放,循环播放直至停止。

(3)设置动画:相册封面标题进入动画"回旋";粤菜页幻灯片:标题进入动画为"弹跳";图片进入动画"形状",效果选项"圆形缩小";湘菜页幻灯片:标题进入动画为"旋转";图片进入动画"展开";东北菜页幻灯片:标题进入动画为"旋转";图片进入动画"棋盘",之后每张图片强调效果"跷跷板"。

(4)设置幻灯片切换:自左侧平移,应用于所有幻灯片,声音为"风铃",换片方式两者,自动换片时间为"00:01"。

(5)另存为文件,文件名"22-5.ppsx"。

项目23 版式设计——学会制作企业业务流程

教学目标

(1)掌握如何使用主题和设置背景。

(2)掌握母版的使用和编辑设计个性化母版。

项目描述

本项目通过使用主题、背景和母版等方法对演示文稿进行统一美化编辑,掌握通过使用个性化背景、文字格式等,设计出符合公司特色的专用的模版。在编辑时,直接调用制作好的母版,无须进行其他设置完成演示文稿的制作,项目完成效果如图23-1所示。

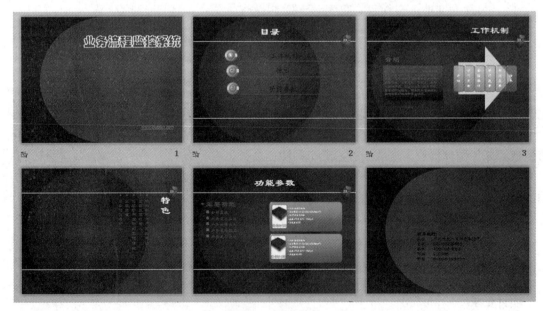

图23-1 项目样文

任务 1　主题背景

1. 使用主题

选择"设计"选项卡的"主题"组，单击"其他"按钮，可展开主题样式库，如图 23-2 所示，选择"内置"或"来自 Office.com"中的主题即可。

图 23-2　"所有主题"样式库

2. 设置主题的颜色

单击"设计"选项卡"主题"组中的"颜色"按钮，如图 23-3 所示，在弹出的列表中可以选择内置的主题颜色，也可单击"新建主题颜色"按钮，弹出"新建主题颜色"对话框，如图 23-4 所示，可在当前的主题颜色基础上进行修改并重命名保存。选中幻灯片在自定义或内置的主题并右击，如图 23-5 所示，可将当前选中的主题应用到选中的幻灯片或所有幻灯片。

图 23-3　"主题"功能组

图 23-4　"新建主题颜色"对话框

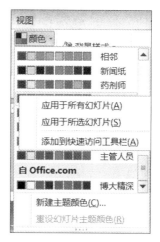

图 23-5　主题颜色的应用

3. 设置主题的字体

单击"设计"选项卡"主题"组中的"字体"按钮，在弹出的列表中可以选择内置的字体，也可单击"新建主题字体"按钮，弹出"新建主题字体"对话框，如图 23-6 所示，可在当前的主题字体基础上进行修改并重命名保存。可将当前选中的主题应用到所有幻灯片。

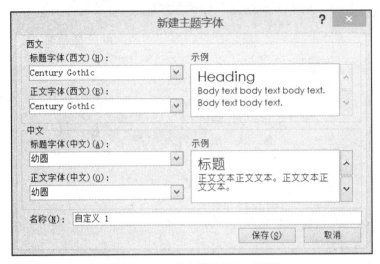

图 23-6 "新建主题字体"对话框

4. 设置背景

单击"设计"选项卡上"背景"组中的"背景样式"按钮，展开"背景样式"列表，如图 23-7 所示，可选中一种背景应用到选中或所有幻灯片，也可以单击"设置背景格式"按钮，弹出"设置背景格式"对话框，如图 23-8 所示，可设置填充、图片更正、图片颜色和艺术效果等。

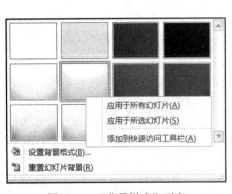

图 23-7 "背景样式"列表

图 23-8 "设置背景格式"对话框

5. 设置其他

选择不同主题后，原文件中的部分内容发生变化，需要手动进行调节，如字体大小、位置放置、标题等。

项目实战

打开"项目 23 源文件.pptx"，另存为"项目 23A.pptx"，选择"波形"主题，设置颜色"主管人员"，字体"跋涉"，第 1 张和第 6 张幻灯片应用项目资源的背景 1，第 2 张至第 5 张幻灯片应用项目资源的背景 2，使用时选择"隐藏背景图形"。设置首页标题"华云彩云"、"54"、"文本右对齐"，副标题"Arial"、"18"、"文本右对齐"。其他页一级标题"隶书"、"44"，二级标题"华文隶书"、"32"、正文"仿宋"、"18"。对第 3 张幻灯片设置文本框中的字体首行缩进 1.27cm、段前后 6 磅、单倍行距、黑色，快速样式"中等效果-黑色，深色 1"。SmartArt样式"平面场景"，项目完成效果如图 23-9 所示。

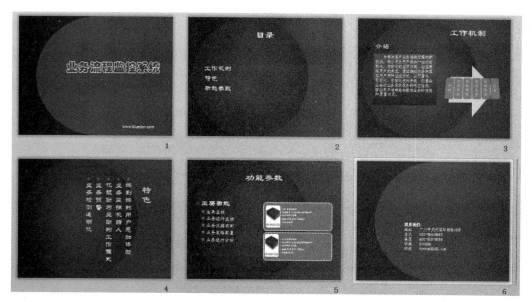

图 23-9　项目样文

任务 2　母版设计

母版包含并反映演示文稿中使用的所有样式元素，包括字体和段落样式，标题、文本和页脚在幻灯片上的位置，配色方案，背景设计，动画效果以及动作按钮等。设置和应用幻灯片母版可以对演示文稿中的每张幻灯片进行统一的样式更改，从而节省了时间。

1. 母版视图

单击"视图"选项卡"母版视图"组中的"幻灯片母版"按钮，进入幻灯片母版编辑视图，如图 23-10 所示。

2. 编辑标题母版

单击"幻灯片母版"选项卡"编辑主题"组中的"主题"、"颜色"、"字体"和"效果"按钮，可对主题进行设置和编辑，选择要设置的标题，切换到"开始"选项卡，如图 23-11 所示，进行字体和段落等设置。

项目实战

打开"项目 23 源文件.pptx"，另存为"项目 23B.pptx"，选择第 1 张幻灯片，切换到"幻灯片母版"视图，选择"波形"主题，设置颜色"主管人员"，字体"跋涉"，选中"标题幻灯片版式：由幻灯片 1，6 使用"的母版，选中"单击此处编辑母版标题样式"，切换到开始选项卡中的"字体"组，设置标题幻灯片的版式，标题"华云彩云"、"54"、"文本右对齐"，副标题"Arial"、"18"、"文本右对齐"、移动到屏幕右下角，切换回"幻灯片母版"选项卡，单击"关闭母版视图"按钮。

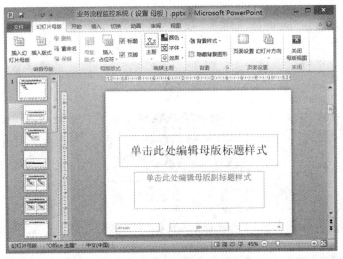

图 23-10   幻灯片母版视图

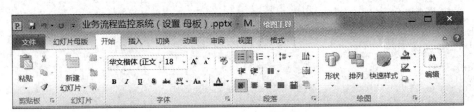

图 23-11   "开始"选项卡

3. 编辑内容母版

对标题幻灯片设置同样适用于内容，可设置背景、正文级别等，选中当前级别，相应的设置在"开始"选项卡字体和段落都有显示，可以进行重新设置，如图 23-12 所示。

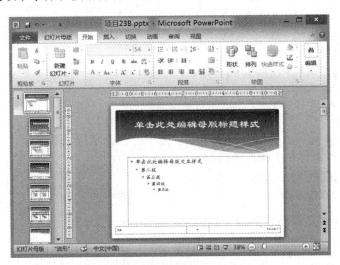

图 23-12   设置母版中的文本样式

项目实战

选中"波形幻灯片母版：由幻灯片 1-6 使用"的母版，选择"单击此处编辑母版标题样式"，切换到"开始"选项卡中的"字体"组，设置字体"隶书"、"44"、"加粗"。选中"单击此处编辑母版文本样式"，设置字体"华文隶书"、"32"，选中"第二级"，设置字体"华文新魏、18"，使用格式刷，将第三至五级刷成与第二级相同的样式。

选中"内容与标题版式：由幻灯片 3 使用"的母版，选择"单击此处编辑母版文本样式"，设置段落样式，段前"6 磅"、段后"6 磅"、"单倍行距"，首行缩进"1.27 厘米"。形状样式"中等效果-黑色，深色 1"，切换回"幻灯片母版"选项卡，单击"关闭母版视图"按钮。选择第 3 张幻灯片，手动调节标题位置并设置字体"隶书"、"44"、"加粗"、"右对齐"。

4. 设置背景

（1）选择预设样式

单击"幻灯片母版"选项卡"背景"组中的"背景样式"按钮，选择"设置背景样式"，如图 23-13 所示，单击"设置背景格式"，打开"设置背景格式"对话框，可选择多种填充方式。

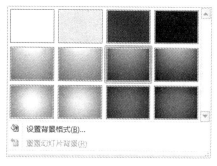

图 23-13　背景样式

（2）选择自定义图片

选择"填充"中的"图片或纹理填充"，单击插入"文件（F）"，浏览找到插入的文件，如图 23-14 所示，单击"重置背景"按钮可删除背景。

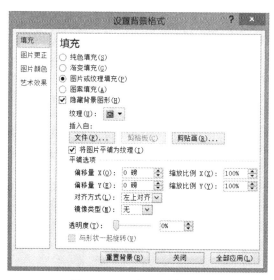

图 23-14　添加和删除背景

项目实战

选中"标题幻灯片版式：由幻灯片 1，6 使用"的母版，用项目资源文件中提供的背景 1 替换，删除背景中的图形填充。选中"波形幻灯片母版：由幻灯片 1-6 使用"的母版，用项目资源文件中提供的背景 2 替换，删除背景中的图形填充。在幻灯片 2 至 5 中，分别插入形状中的线条，设置颜色"白色"、粗细"1.5 磅"，手动微调各幻灯片中对象的大小和位置，项目完成效果如图 23-15 所示。

图 23-15 项目样文

5. 设置切换

如图 23-16 所示，通过"绘图工具"中的"切换"选项卡，可进行切换设置。

图 23-16 "切换"选项卡

6. 设置动画

如图 23-17 所示，通过"绘图工具"中的"动画"选项卡，可进行幻灯片的动画设置。

图 23-17 "动画"选项卡

项目实战

选中"波形幻灯片母版：由幻灯片 1-6 使用"的母版，插入项目资源文件中蓝盾的商标，用删除背景的方法除去白色背景，切换到"动画"选项卡，打开"动画窗格"窗口，设置与上一动画同时开始，重复直到幻灯片末尾。两条直线分别设置从左、右侧飞入，从左侧飞入选"单击开始"，从右侧飞入选"同时开始"。复制动作到其他幻灯片。设置切换为自顶部、棋盘效果、风声声音，设置动画和切换。项目完成效果如图 23-18 所示。

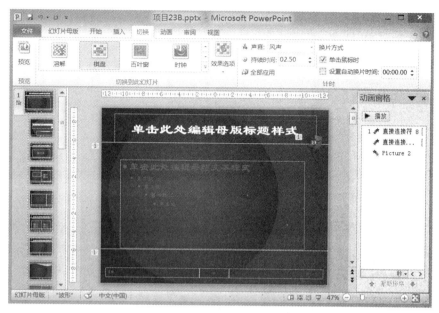

图 23-18　动画和切换效果

7. 设置母版页面

单击"幻灯片母版"选项卡"页面设置"组的"页面设置"按钮，弹出"页面设置"对话框，如图 23-19 所示，可进行相应设置。单击"插入"选项卡"文本"组中的"页眉和页脚"按钮，打开"页眉和页脚"对话框，如图 23-20 所示，进行设置。

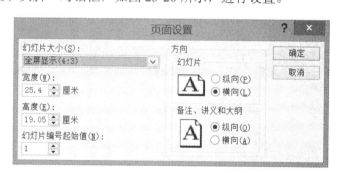

图 23-19　"页面设置"对话框

8. 保存模板

单击"文件"按钮，选择"保存并发送"，再右击选择"更改文件类型"，最后在"保存类型"中双击"PowerPoint 模板(*.potx)"，单击"保存"按钮即可。

9. 使用模板

新建或打开一个演示文稿，单击"设计"选项卡"主题"组中的"其他"按钮，单击"浏览主题"，文件类型"Office 主题和 PowerPoint 模板"，打开模板文件即可。

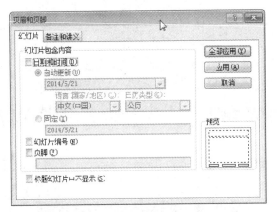

图 23-20 "页眉和页脚"对话框

项目实战

打开文件"项目 23 源文件.pptx","浏览"到"项目 23.potx"模板,手动调节部分内容的位置,保存到"项目 23C.pptx",项目效果如图 23-21 所示。

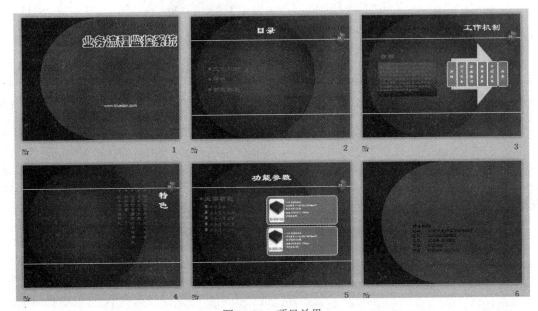

图 23-21 项目效果

10. 个性设置

背景设置,可以用形状填充的方法制作本例背景。目录页面设置,可用插入线条形状、在上面用文本框输入、文字前加按钮、在按钮中加文本的数字等方法进行处理。其他设置还有添加、音乐、超链接等,幻灯片中的样式等可根据个人喜好进行个性设置,项目效果如图 23-22 所示。

综合实训 23

1. 信息安全应急管理平台模板

项目要求

按步骤制作模板,将其应用于素材演示文稿,效果如图 23-23 所示。

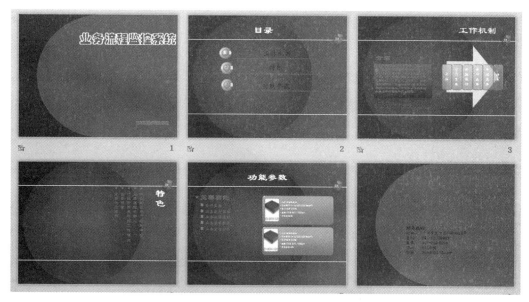

图 23-22　项目样文

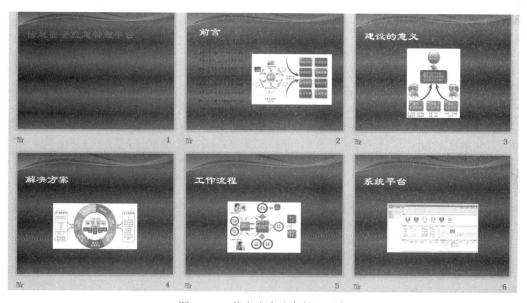

图 23-23　信息安全应急管理平台

（1）使用主题。打开文件"综合实训 23-1.pptx"，选择"流畅"主题。

（2）格式设计。设置第 2 张幻灯片标题内容部分"间距段前 6 磅、段后 6 磅，首行缩进 1.27 厘米，双倍行距"。

（3）设置背景。用渐变中预设的蓝宝石颜色填充。

（4）保存文件。保存文件到"综合实训 23-1A.pptx"

（5）使用母版。新建空白演示文稿，切换到"幻灯片母版"选项卡，选择主题"流畅"，设置母版标题样式为"隶书、48、左对齐"，选择"内容与标题版式"，设置母版文本样式为"仿宋、16，间距段前 6 磅、段后 6 磅，首行缩进 1.27 厘米，双倍行距"。

（6）设置切换。切换方案"分割"，效果选项"左右向中间收缩"。

（7）设置动画。设置母版标题动画样式为"飞入"，效果选项为"自顶部"；设置母版文本动画样式为"飞入"，效果选项为"自底部"。

（8）设置背景。用渐变中预设的蓝宝石颜色填充。

（9）保存模板。保存模板为"综合实训 23-1.potx"，

（10）应用模板。对"综合实训 23-1.pptx"应用模板，并保存为"综合实训 23-1B.pptx"。

2. 蓝盾教学实训平台模板

项目要求

按步骤制作模板，将其应用于素材演示文稿，效果如图 23-24 所示。

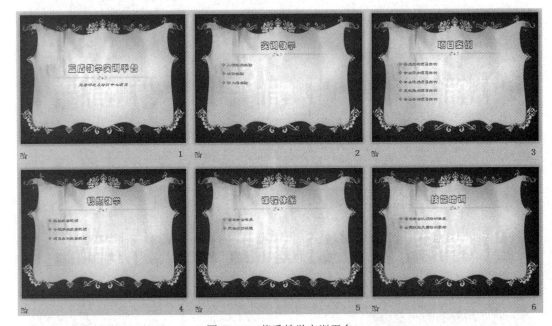

图 23-24　蓝盾教学实训平台

（1）使用主题。打开文件"综合实训 23-2.pptx"，选择"时装设计"主题。

（2）设置背景。用项目目录中提供的背景图片填充，使用艺术效果"发光散射"。

（3）设置主题效果。选择"沉稳"效果。

（4）保存文件。保存文件到"综合实训 23-2A.pptx"

（5）使用母版。新建空白演示文稿，切换到"幻灯片母版"选项卡，选择主题"时装设计"，设置母版标题样式为"华文彩云、36、居中"，设置母版文本样式为"隶书、18、蓝色"。

（6）设置切换。切换方案"切出"，效果选项"全黑"。

（7）设置动画。设置母版标题动画样式为"形状"，效果选项为"放大"；设置母版文本动画样式为"形状"，效果选项为"缩小"。

（8）设置背景。用项目目录中提供的背景图片填充，使用艺术效果"发光散射"。

（9）保存模板。保存模板为"综合实训 23-2.potx"，

（10）应用模板。对"综合实训 23-2.pptx"应用模板，并保存为"综合实训 23-2B.pptx"。

3. 蓝盾安全产品模板

项目要求

按步骤制作模板，将其应用于素材演示文稿，效果如图 23-25 所示。

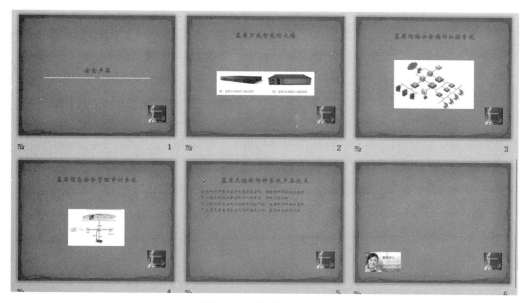

图 23-25　蓝盾安全产品

（1）使用主题。打开文件"综合实训 23-3.pptx"，选择"冬季"主题。

（2）设置背景。用项目目录中提供的背景图片填充，使用艺术效果"虚化"，辐射参数"2"。

（3）设置主题颜色。选择"复合"效果。

（4）保存文件。保存文件到"综合实训 23-3A.pptx"

（5）使用母版。新建空白演示文稿，切换到"幻灯片母版"选项卡，选择主题"纸张"主题，设置母版标题样式为"华文新魏、32、居中、红色"，设置母版文本样式为"华文新魏、18、蓝色"。设置标题幻灯片版式，母版标题样式为"华文新魏、32、居中、红色"。

（6）设置切换。切换方案"闪光"，声音"电压"。

（7）设置动画。设置母版标题动画样式为"劈裂"，效果选项为"左右向中间收缩"；设置母版文本动画样式为"形状"，效果选项为"缩小"。

（8）设置动画。插入项目资源中的图片、调整大小为 3×3cm，设置动画顺时针陀螺旋。

（9）保存模板。保存模板为"综合实训 23-3.potx"，

（10）应用模板。对"综合实训 23-3.pptx"应用模板，并保存为"综合实训 23-3B.pptx"。

4. 蓝盾股份经营分析表

项目要求

按步骤制作模板，将其应用于素材演示文稿，效果如图 23-26 所示。

（1）使用主题。打开文件"综合实训 23-4.pptx"，选择"主管人员"主题。

（2）设置背景。使用样式 11。

（3）设置主题效果。选择"顶峰"效果。

（4）保存文件。保存文件到"综合实训 23-4A.pptx"

（5）使用母版。新建空白演示文稿，切换到"幻灯片母版"选项卡，选择主题"主管人

员"，设置母版标题样式为"幼圆、40、居中"，设置母版文本样式为"华文行楷、24、蓝色、加粗"。

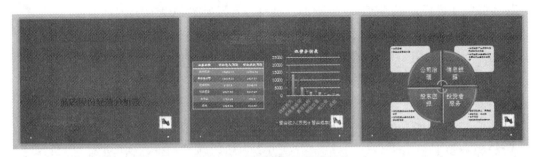

图 23-26　蓝盾股份经营分析表

（6）设置切换。切换方案"切换"，效果选项"向右"。

（7）设置动画。设置母版标题动画样式为"放大缩小"，效果选项为"水平"；设置母版文本动画样式为"随机线条"，效果选项为"水平"。

（8）设置动画。在右下角插入剪切画"飞扬的国旗"，设置动作路径绕一周回到起点。

（9）保存模板。保存模板为"综合实训 23-4.potx"，

（10）应用模板。对"综合实训 23-4.pptx"应用模板，并保存为"综合实训 23-4B.pptx"。

5. 蓝盾网络安全产品发布模板

项目要求

按步骤制作模板，将其应用于素材演示文稿，效果如图 23-27 所示。

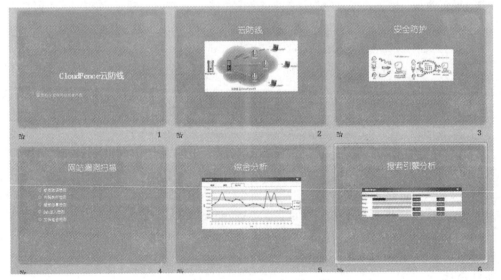

图 23-27　蓝盾网络安全产品

（1）使用主题。打开文件"综合实训 23-5.pptx"，选择"夏季"主题。

（2）设置背景。使用样式 3。

（3）设置颜色字体。颜色"灰度"，字体"流畅"。

（4）保存文件。保存文件到"综合实训 23-5A.pptx"

（5）设计母版。新建文稿，切换到"幻灯片母版"选项卡，选择主题"夏季"，设置母

版标题样式为"幼圆、40、居中",设置母版文本样式为"宋体、20、蓝色"。

（6）设置切换。切换方案"显示",效果选项"从左侧淡出"。

（7）设置动画。设置母版标题动画样式为"轮子",效果选项为"1 轮辐图案";设置母版文本动画样式为"出现",效果选项为"按段落"。

（8）设置背景。使用样式 3。

（9）保存模板。保存模板为"综合实训 23-5.potx",

（10）应用模板。对"综合实训 23-5.pptx"应用模板,并保存为"综合实训 23-5B.pptx"。

项目 24　放映输出——学会制作企业培训讲稿

教学目标

（1）掌握通过超链接和动作按钮进行播放的控制操作。

（2）熟练掌握演示文稿的不同放映方式及放映控制的操作。

（3）掌握演示文稿打印输出及转换讲义、其他格式、视频、打包成 CD 等操作。

项目描述

本项目通过在演示文稿中插入超链接和动作按钮,实现播放过程中各幻灯片的演示切换,通过排练计时能控制自动播放的时间,通过自定义播放能控制播放的内容,并且在播放过程中能随时控制并加标注等。还能将演示文稿以讲义、视频、CD 等不同形式输出。

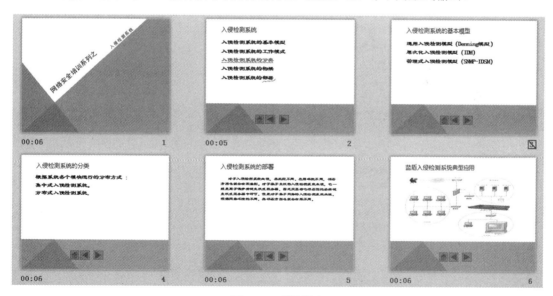

图 24-1　项目样文

任务 1　设置交互

在 PowerPoint 中,用户可以利用"超链接"和"动作按钮"功能为对象添加交互式动作。超链接是从一张幻灯片到同一演示文稿中的另一张幻灯片的链接,也可以是从一张幻灯片到不同演示文稿另一张幻灯片、电子邮件、网页或文件的链接。

1. 添加超链接

单击"插入"选项卡中"链接"功能组的"超链接"按钮，弹出"插入超链接"对话框，如图 24-2 所示，可以设置超链接的相关选项。

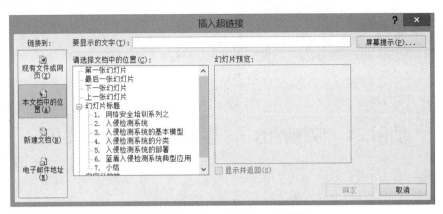

图 24-2 "插入超链接"对话框

2. 添加动作按钮

单击"插入"选项卡上"插图"组中的"形状"按钮，如图 24-3 所示，在打开的列表下方"动作按钮"类别中单击需要的动作按钮，然后在幻灯片的合适位置按住鼠标左键并拖动，绘制出动作按钮；松开鼠标左键，将自动打开"动作设置"对话框，如图 24-4 所示。

图 24-3 动作按钮列表

图 24-4 "动作设置"对话框

项目实战

打开"项目 24 源文件.pptx"，另存为"项目 24.pptx"，将第 2 张幻灯片中"入侵检测系统的分类"链接到第 4 张幻灯片。切换到"幻灯片母版"视图，再选择"角度幻灯片母版由幻灯片 1-7 使用"，单击"插入"选项卡上"插图"组中的"形状"按钮，插入"动作按钮第一张、动作按钮后退或前一项、动作按钮前进或下一项"，如图 24-5 所示，切换到普通视图，观看交互动作效果，再修改"动作按钮第一张"链接到第 2 张幻灯片，观看控制播放效果。

图 24-5　添加动作按钮

任务 2　设置放映

1. 设置放映方式

单击"幻灯片放映"选项卡"设置"组的"设置幻灯片放映"按钮，如图 24-6 所示，弹出"设置放映方式"对话框，如图 24-7 所示，可设置幻灯片放映类型、放映幻灯片范围、放映选项及换片方式。

图 24-6　"幻灯片放映"选项卡

2. 使用排练计时

单击"幻灯片放映"选项卡"设置"组的"排练计时"按钮，自动进入幻灯片放映视图，并弹出"录制"工具栏，分别有"下一项"、"暂停"和"重复"按钮，如图 24-8 所示。按 Esc 键退出录制。保存排练计时后，在幻灯片浏览视图中可以看到，每张幻灯片下方显示了该幻灯片的放映时间。

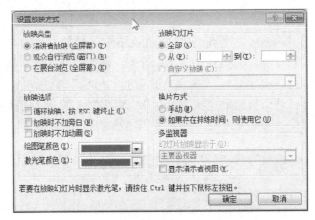

图 24-7   "设置放映方式"对话框

图 24-8   "录制"工具栏

项目实战

（1）设置放映类型"演讲者放映（全屏幕）"，设置放映选项"循环放映，按 Esc 键终止"，绘图笔颜色"红色"，激光笔颜色"绿色"，换片方式"手动"。

（2）将换片方式改为"如果存在排练时间，则使用它"，开始排练计间，手动控制各张幻灯片的停留时间为 5 秒左右，按 Esc 键结束并保存，重新按 F5 键，观察自动播放效果。

3．隐藏与显示幻灯片

在"幻灯片/大纲"窗格中选择需要隐藏的幻灯片，单击"幻灯片放映"选项卡"设置"组的"隐藏幻灯片"按钮，完成隐藏。再次单击"隐藏幻灯片"按钮可取消隐藏。

4．设置自定义放映

单击"幻灯片放映"选项卡"开始放映幻灯片"组中的"自定义幻灯片放映"按钮，在"自定义放映"对话框中单击"新建"按钮，弹出"定义自定义放映"对话框。如图 24-9 所示，在"在演示文稿中的幻灯片"列表框中单击要选为放映的幻灯片，然后单击"添加"按钮，将选定的幻灯片添加到右边列表框中。放映时，在"自定义放映"对话框操作即可，如图 24-10 所示。

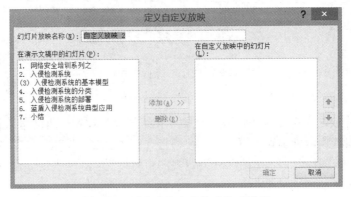

图 24-9   "定义自定义放映"对话框

5. 放映控制

在幻灯片放映视图中空白处单击鼠标右键,弹出快捷菜单,如图 24-11 所示,可进行放映控制有关设置。

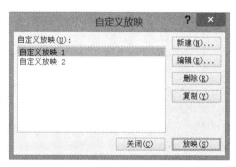

图 24-10　"自定义放映"对话框

图 24-11　幻灯片切换和定位

6. 使用墨迹标注

在幻灯片放映视图中的空白处单击鼠标右键,在弹出的快捷菜单中选择"指针选项"命令,在弹出的子菜单中可选择"箭头"、"笔"、"荧光笔"等指针类型,如图 24-12 所示;选择"墨迹颜色"命令,在弹出的子菜单中可选择墨迹的颜色,如图 24-13 所示。

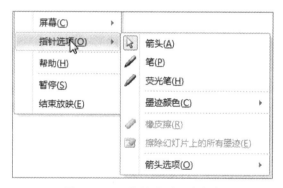

图 24-12　"指针选项"的内容

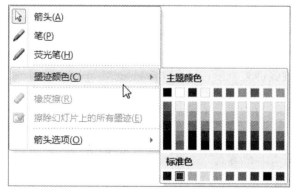

图 24-13　墨迹颜色

项目实战

隐藏第 3 张幻灯片，新建自定义放映，添加第 2、3、5、6、7 张幻灯片，调整第 7 张幻灯片最先播放，更名为"我的放映"。播放时快速定位到第 3 张幻灯片，暂停播放，选择指针类型为"笔"，墨迹颜色是"蓝色"，对"入侵检测系统"幻灯片中的最后两个字加下划线，再结束放映，保留墨迹注释。

任务3　输出文稿

1. 打印演示文稿

单击"文件"选项卡下的"打印"命令，右侧显示设置打印份数、打印范围、每页纸显示幻灯片数量、方向、颜色等，如图 24-14 所示。

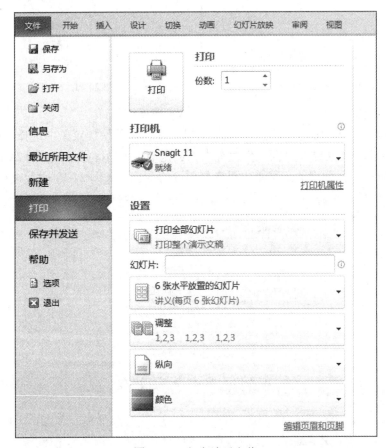

图 24-14　打印演示文稿

2. 将演示文稿转换成讲义

选择"文件"选项卡中的"保存并发送"命令，在文件类型中选择"创建讲义"选项，单击"创建讲义"按钮，弹出如图 24-15 所示的对话框，选择使用的版式，单击"确定"按钮，生成 Word 文件。

3. 将演示文稿输出成其他格式

选择"文件"选项卡中的"保存并发送"命令，在文件类型中选择"更改文件类型"选项，如图 24-16 所示，选择保存成其他类型的文件。

图 24-15　"发送到 Microsoft Word"对话框

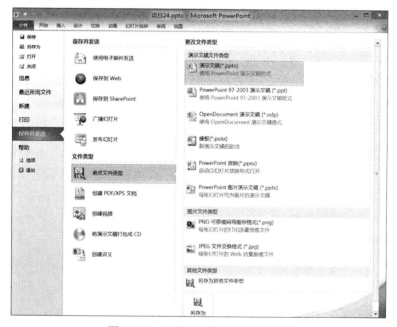

图 24-16　"更改文件类型"对话框

项目实战

打印演示文稿"项目 24.pptx",要求:打印 1~6 张幻灯片,每页 3 张幻灯片,横向排列,彩色打印。将演示文稿"项目 24.pptx"转换成 Word 讲义,要求使用"空行在幻灯片旁"版式。将演示文稿"项目 24.pptx"另存为幻灯片放映文件"项目 24.ppsx"。

4. 将演示文稿转换为视频

选择"文件"选项卡中的"保存并发送"命令,在文件类型中选择"创建视频"选项,如图 24-17 所示,设置"放映每张幻灯片的秒数",单击"创建视频"按钮,选择要输出视频的位置、文件名和保存类型,单击"保存"按钮生成视频文件。

5. 将演示文稿打包成 CD

选择"文件"选项卡中的"保存并发送"命令,在文件类型中选择"将演示文稿打包成

CD"选项，单击"打包成 CD"按钮，如图 24-18 所示，添加要打包的文件、指定输出的位置，弹出提示包含链接文件的对话框，如图 24-19 所示，单击"是"按钮，生成并自动打开打包文件的内容。

图 24-17　创建视频

图 24-18　"打包成 CD"对话框

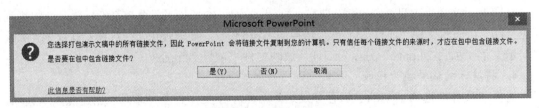

图 24-19　提示对话框

项目实战

将演示文稿"项目 24.pptx"转换为视频"项目 24.wmv"。将演示文稿"项目 24.pptx"打包成 CD，并复制到项目所在的文件夹。

综合实训 24

1. "译雅馨" 广州翻译公司

项目要求

（1）保存文件。打开源文件，另存为 "综合实训 24-1.pptx"。

（2）添加超链接。将第 2 张幻灯片中的各目录链接到相应的幻灯片。

（3）添加动作按钮。添加第 1 张动作按钮，调整使其定位到第 2 张幻灯片。

（4）自定义放映。选择第 2～6 张幻灯片，调整最后一张向上移动两次，命名为 "放映 1"。

（5）计时放映。每张幻灯片播放 6 秒时间。

（6）控制播放。播放到第 3 张幻灯片时暂停，选择 "荧光笔"，在 "公司简介" 下加下划线，继续播放，退出时保留墨迹。

（7）输出演示文稿。设置放映每张幻灯片 8 秒，文件名为 "综合实训 24-1.wmv"。

（8）打包 CD。将演示文稿复制到项目文件，文件名为 "综合实训 24-1.CD"。

项目样文

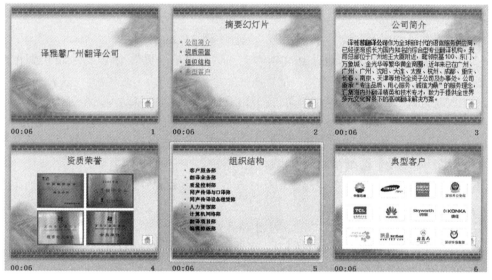

图 24-20　项目样文

2. 蓝盾防火墙

项目要求

（1）保存文件。打开源文件，另存为 "综合实训 24-2.pptx"。

（2）添加超链接。将首张幻灯片中的 "蓝盾" 链接到 http://www.bluedon.com/。

（3）添加动作按钮。添加 "前进" 和 "后退" 按钮。

（4）放映方式。全屏幕、循环放映、第 2～6 张幻灯片。

（5）计时放映。每张幻灯片播放 3 秒。

（6）控制播放。播放过程中暂停定位到 "关键技术" 页，选择绿色的笔，在标题下加下划线，继续播放，退出时保留墨迹。

（7）输出演示文稿。文件名为 "综合实训 24-2.pdf。

（8）打包 CD。将演示文稿复制到项目文件，文件名为 "综合实训 24-2.CD"。

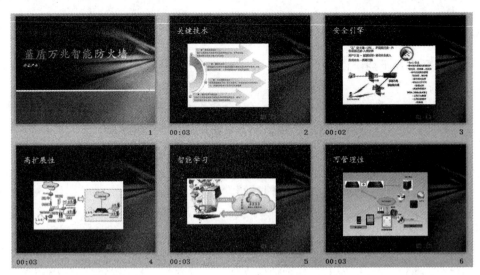

图 24-21　项目样文

3. 礼仪培训

项目要求

（1）保存文件。打开源文件，另存为"综合实训 24-3pptx"。

（2）添加超链接。在页脚处添加文本"上一页"、"下一页"，将其分别链接到相应的位置处。

（3）放映方式。演讲者放映全屏幕，循环放映，不加旁白和动画，全部幻灯片、手动。

（4）自定义放映。隐藏第 3 张幻灯片，选择第 2～5 张幻灯片，更名为"放映"。

（5）控制播放。播放过程中暂停定位到"仪表"页，选择红色的笔、紫色墨迹、为"仪表"页"指甲"加边框，继续播放，退出时保留墨迹。

（6）输出演示文稿。设置放映每张幻灯片 6 秒，不使用录制的计时和旁白，文件名为"综合实训 24-3.wmv"

（7）输出演示文稿。文件名"综合实训 24-3.ppsx"。

（8）打包 CD。将演示文稿复制到项目文件，文件名为"综合实训 24-3.CD"。

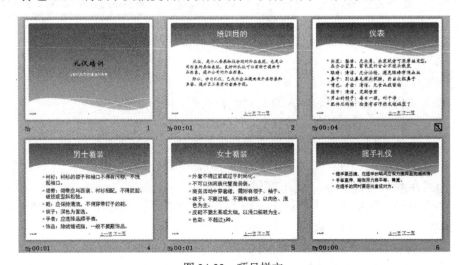

图 24-22　项目样文

4. 业务流程监控系统

项目要求

（1）保存文件。打开源文件，另存为"综合实训 24-4.pptx"。

（2）添加超链接。将第 2 张幻灯片中的各目录链接到相应的幻灯片。

（3）添加动作按钮。切换到母版视图，在右下角添加动作按钮结束。

（4）放映方式。演讲者放映全屏幕、循环放映、第 2～5 张幻灯片、手动换片。

（5）计时放映。修改换片方式使用排练时间，控制每张幻灯片播放 9 秒。

（6）控制播放。修改换片手动方式，播放到第 3 张幻灯片时暂停，选择红色的笔，对参数中脚本数下加下划线，继续播放，退出时保留墨迹。

（7）输出演示文稿。将"综合实训 24-4.pptx"转换成 Word 讲义，要求使用"备注在幻灯片旁"版式，保存文件名"综合实训 24-4 讲义.docx"

（8）打包 CD。将演示文稿复制到项目文件，文件名为"综合实训 24-4.CD"。

项目样文

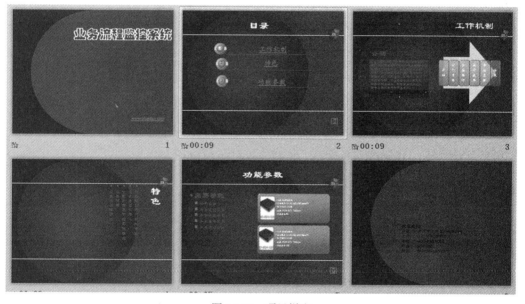

图 24-23　项目样文

5. 蓝盾教学实训平台

项目要求

（1）保存文件。打开源文件，另存为"综合实训 24-5.pptx"。

（2）添加超链接。将首张幻灯片中的"蓝盾研发及培训中心"链接到 http://www.bluedon.com/solution/index.html。

（3）添加动作按钮。添加第 1 张动作按钮。

（4）放映方式。演讲者放映全屏幕、循环放映、第 2～6 张幻灯片、手动换片。

（5）计时放映。自己控制每张幻灯片播放时间，修改换片方式使用排练时间。

（6）控制播放。修改换片手动方式，播放到第 4 张幻灯片时暂停，继续播放，定位到第 3 张幻灯片，结束放映。

（7）打印。选中 5～6 张幻灯片，打印所选幻灯片，每页 3 张、横向、彩色。

（8）打包 CD。选择"综合实训 24-5 源文件.pptx"和"综合实训 24-5.pptx"打包成 CD，复制到项目文件夹，文件名为"综合实训 24-5.CD"。

项目样文

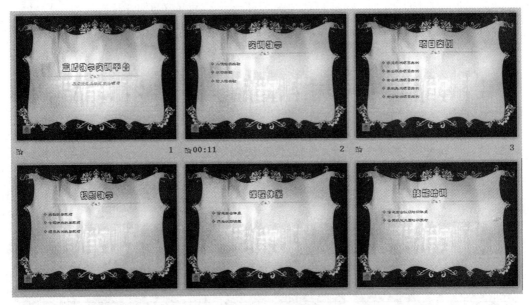

图 24-24　项目样文

第6部分 网络应用基础

项目25 网上冲浪——学会信息浏览搜索

教学目标

（1）掌握网络浏览的设置和使用方法。

（2）掌握电子地图的搜索和使用方法。

（3）掌握文献的检索方法。

项目描述

网页浏览器是用户浏览各种网络资讯的平台。常用的浏览器有"IE 浏览器"、"360 浏览器"、"QQ 浏览器"等，常用的浏览器不仅能浏览网络信息，同时还能提供用户安全防护和隐私保护。本项目以最常用的"360 浏览器"为例，掌握浏览器的设置和使用，学会网页浏览、电子地图、文献报刊、综合信息的使用和搜索方法。具体要求：一是用 360 安全浏览器访问"蓝盾公司网页"，并添加到收藏夹，在磁盘保存网页；二是用电子地图搜索"广州站"的地图位置、公交线路、周边环境；三是检索"大学生职业规划"相关文献。

任务1 浏览网页

1. 浏览器使用

双击桌面上的"360 安全浏览器"图标，启动浏览器，如图 25-1 所示。"菜单栏"有"文件"、"查看"、"收藏"、"工具"等命令菜单，单击命令菜单，出现菜单下拉列表，列表中的命令可以对浏览器进行各种设置操作。"搜索栏"左侧有"后退"、"刷新"、"主页"按钮；中间是"地址框"，用来输入和编辑网址。右侧是"搜索框"，用来输入和编辑搜索内容。"收藏栏"是用户经常使用的网址。"标签栏"是打开网页的标签，单击标签可以在打开的网页中切换。中间大部分区域是网页浏览区。

图 25-1　360 浏览器

项目实战

（1）打开浏览器。

（2）浏览网页。单击"地址"框，输入"蓝盾公司"的网址 http://www.bluedon.com./，按 Enter 键进入"中国网"网站的首页。

（3）收藏网页。单击浏览器"收藏"菜单中的"添加到收藏夹"命令，然后单击"添加"按钮即可完成收藏中国网首页，如图 25-2 所示。

图 25-2　收藏中国网首页

（4）保存网页。单击浏览器"文件"菜单中的"保存网页"命令，如图 25-3 所示。在弹出的对话框中选择要保存的位置，并给出文件名，单击"保存"按钮，网页文件的扩展名是".htm"，同时保存的还有一个同名文件夹，里面存放的是网页图片等，如图 25-4 所示。

图 25-3　保存网页命令

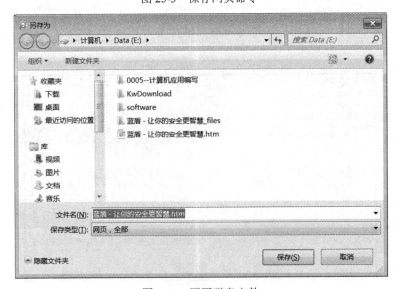

图 25-4　网页磁盘文件

（5）信息搜索。在搜索框输入要搜索的信息的关键字，选择搜索类别，单击"搜索"按钮会列出相关信息。如果同时搜索多个信息，关键字之间加空格键。如搜索类型是"图片"，搜索内容是"花卉"、"红色"，搜索结果如图 25-5 所示。

图 25-5　信息搜索

任务 2　电子地图

电子地图是"在计算机屏幕上可视化"的地图，提供网络地图搜索服务，用户可以查询街道、商场、楼盘的地理位置、交通线路等，也可以找到离您最近的所有餐馆、学校、银行、公园等。网上常用的电子地图有"360 地图"、"百度地图"、"Google 地图"、"高德地图"等。进入"百度"首页，输入搜索地址，单击"地图"搜索类别链接，可以进入地图搜索页面，如图 25-6 所示。

图 25-6　百度地图

项目实战

（1）搜索位置。打开百度地图网页，在搜索框内输入"广州站"，单击"百度一下"按钮，即可得到广州站地图位置，右侧为地图，显示搜索结果所处的地理位置；左侧为搜索结果，包含名称、地址、电话等信息，如图 25-7 所示。

图 25-7   广州站地图位置

（2）地图浏览。单击左上角"方向移动"、"+"、"-"按钮，可以移动和放大缩小地图；单击右上角"地图"按钮，弹出"卫星"、"三维"按钮，单击可以查看三维地图和卫星地图，如图 25-8 所示。

图 25-8   三维地图

（3）周边搜索。在广州塔地图位置弹出的气泡中，单击气泡，选择"在附近找"命令，输入"银行"，单击"搜索"按钮，即可看到周边的"银行"，如图 25-9 所示。还可以在地图上单击鼠标右键，选择"在此点附近找"命令快速地发起搜索。

（4）公交搜索。搜索从"广东科贸职业学院（白云校区）"到"广州站"乘坐公交车线路，搜索结果如图 25-10 所示，左侧是公交线路，右侧是地图线路。

图 25-9　广州站周边的"银行"

图 25-10　公交搜索结果

任务 3　文献检索

在学习和工作中，经常要阅读书籍、报刊、论文、年鉴等相关文献资料，以前都要去图书馆查阅或订阅报刊，信息量很小，又非常不方便。现在，利用网络电子平台检索文献方便快捷。提供专门网络文献检索的网站很多，这里主要介绍"CNKI 知网空间"网站，主要对期刊全文库、学位论文库、会议论文库、年鉴全文库、学术百科、工具书等相关文献检索。

项目实战

（1）打开"知网空间"网站（http://www.cnki.com.cn），如图 25-11 所示。

图 25-11　知网空间

（2）输入关于"大学生职业规划"的相关文献，单击"搜索"按钮后，共有 24231 条文献，如图 25-12 所示。

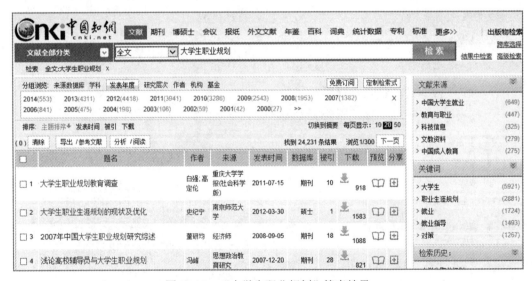

图 25-12　"大学生职业规划"搜索结果

（3）如果要缩小检索范围，在"文献分类"中选择"题名"选项，"发表年度"中选择"2014"重新检索，只有 103 条文献，如图 25-13 所示。下载相关文献。

（4）单击需要的文献，新打开网页中是相关文献的介绍，如果需要全文，可以选择下载，也可以免费订阅，如图 25-14 所示。

图 25-13 精确搜索结果

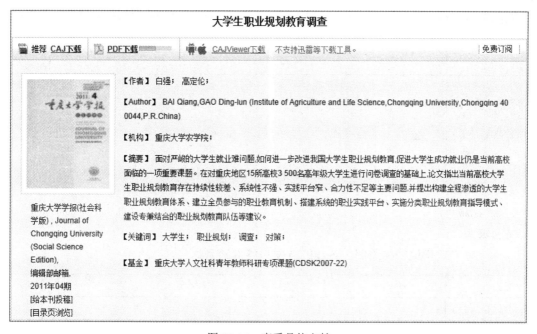

图 25-14 查看具体文献

综合实训 25

1. 文献检索

项目要求

检索近年有关"饮食健康"方面的一篇博硕论文，下载文章摘要。

论文题目	
毕业学校	
作者姓名	
文章摘要	
搜索截图	

2. 自驾车路线

项目要求

搜索从广东科贸职业学院（天河校区）到深圳的自驾车路线图、行车公里数。

行车时间	
行车公里	
行车线路	
搜索截图	

3. 广州地铁

项目要求

在网上搜索广州地铁线路图、各线的首发和终点站名称。

1 号线	
2 号线	
3 号线	
4 号线	
5 号线	
6 号线	
搜索截图	

4. 广州美食

项目要求

在网上搜索一个广州老字号小吃店，叫什么名字？地点在哪？怎么去？有什么特色美食？

名称	
地点	
美食	
交通	
搜索截图	

5. 广州新八景

项目要求

在网上搜索广州新八景是什么？在哪里？

1 景名称		5 景名称	
1 景地点		5 景地点	
2 景名称		6 景名称	
2 景地点		6 景地点	
3 景名称		7 景名称	
3 景地点		7 景地点	
4 景名称		8 景名称	
4 景地点		8 景地点	

项目 26　电子邮件——学会收发电子邮件

教学目标

（1）学会申请电子邮箱。

（2）学会发送电子邮件。

（3）学会接收、转发、回复电子邮件。

项目描述

电子邮件是互联网提供的电子通信方式，与传统寄信方式相比，有免费、速度快、远距离、群发、无纸化的特点，电子邮件可以是文字、图像、声音、视频等多种形式的电子文件。常用的电子邮箱有 163、QQ、126、21CN 等。163 邮箱是中国最大的电子邮件服务商，目前已拥有超过 2.3 亿的用户，是全球使用人数最多的中文邮箱。本项目用每位同学自己的手机号为邮箱名，申请 163 免费电子邮箱，通过同学间相互发送邮件、接发邮件、回复邮件、转发邮件等训练，掌握收发电子邮件的方法，如图 26-1 所示。

图 26-1　项目样文

任务 1　申请邮箱

1. 进入 163 邮箱网页

打开浏览器，输入 email.163.com 网址，进入网易免费电子邮箱界面，如图 26-2 所示。如果已经有电子邮箱，直接输入邮箱名和密码，单击"登录"按钮进入邮箱；如果还没有电子邮箱，单击右下角"立即注册"按钮，进入申请邮箱界面。

图 26-2　邮箱登录

2．注册 163 邮箱

在邮箱注册界面，选择"注册手机号码"，在"手机号码"文本框输入手机号，单击"免费获取验证码"按钮，一分钟内，你的手机会收一条验证码的信息，把手机收到的验证码输入到验证码框，按要求设置密码，如图 26-3 所示。单击"立即注册"按钮，跳转到注册成功窗口，单击"进入邮箱"按钮，进入邮箱界面。

图 26-3　邮箱注册

项目实战

（1）进入网易 163 邮箱登录网页。

（2）用自己的手机号注册一个 163 电子邮箱。

任务 2　发送邮件

1．登录电子邮箱

用申请的电子邮箱账号登录到自己的 163 邮箱界面首页，如图 26-4 所示。单击顶层的选项卡，"通讯录"中是你自己建立的同事、朋友的邮箱地址；"应用中心"有网易邮箱提供的各种应用服务；"收件箱"中是他人发给你的邮件。

2．发送电子邮件

单击"写信"按钮，在"收件人"文本框中填写收件人的邮箱，发送给多人时，邮箱间用分号隔开；"主题"文本框中填写与邮件内容的关键描述文字，让对方快速知道邮件的主题；邮件编辑区内写邮件的具体内容，可以利用编辑区上面的工具对邮件文字进行美化，可以插入图片、表情等；单击"添加附件"按钮，弹出"资源管理器"窗口，选择要发送的附件文件并"确定"按钮；邮件写完后，可以预览邮件效果，最后单击"发送"按钮，发出电子邮件，如图 26-5 所示。

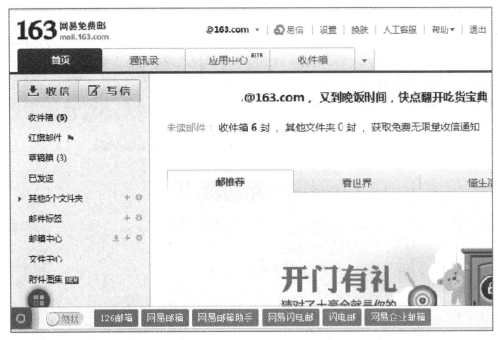

图 26-4   163 电子邮箱

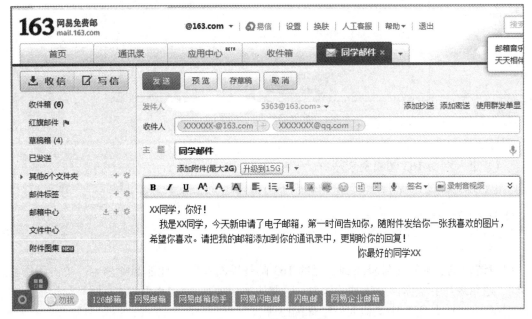

图 26-5   发送电子邮件

项目实战

（1）登录你的电子邮箱。

（2）给同学写一封电子邮件，对文字进行美化编辑。

（3）添加一张你喜欢的图片为附件。

（4）发送给你相邻的同学。

任务 3　接收邮件

1.　收件箱

单击"收信"按钮或"收件箱"选项卡，进入收件箱界面，如图 26-6 所示。收信区域列出你最近收到的邮件，每行是一个邮件，按从左到右顺序，分别是选择框、发件人名称、邮件主题、是否有附件、发出时间等信息。

图 26-6　收件箱界面

2.　阅读、转发、回复邮件

在邮件列表中单击一个邮件，打开邮件进行阅读；单击"回复"按钮，可以给发件人回邮件；单击"转发"按钮，可以把这个邮件转发给他人，如图 26-7 所示。

图 26-7　阅读邮件

3. 添加联系人

移动鼠标到"发件人"地址框中，会弹出列表，单击"添加联系人"，弹出"快速添加联系人"对话框，添写手机或电话，选择分组，单击"确定"按钮，也可以单击"去通讯录编辑更多"按钮，如图 26-8 所示。

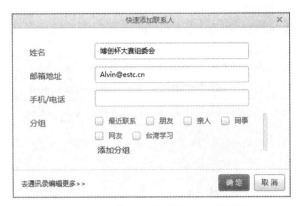

图 26-8　"快速添加联系人"对话框

项目实战

（1）登录 163 邮箱，接收同学发给你的邮件。

（2）阅读邮件内容，写回复邮件并发送。

（3）保存同学的邮箱到通讯录。

（4）把接收到的邮件转发给其他同学。

综合实训 26

1. 给老师的邮件

项目要求

（1）询问任课老师的邮箱。

（2）给老师发一封邮件，主要谈谈你对"计算机应用基础"这门课程的学习体会。

（3）保留发送前的屏幕截图。

2. 给父母的邮件

项目要求

（1）先为父母申请一个文字电子邮箱。

（2）给父母写一封感谢的电子邮件，附件中有你在学校的生活照。

（3）保留发送前的屏幕截图。

3. 班级群发邮件

项目要求

（1）建立班级邮箱通讯录。

（2）写一个班级通知，将班级集体活动相片群发给每个同学。

（3）保留发送前的屏幕截图。

4. 给同学的邮件

项目要求

（1）询问本月出生的同学邮箱。

（2）写一封电子贺信，寄一张电子贺卡，送上你美好的祝福。

（3）保留发送前的屏幕截图。

5. 作业邮件

项目要求

（1）综合实训 25-5 的搜索结果，写在 Word 文档中。

（2）用邮件附件发送给老师。

（3）保留发送前的屏幕截图。